Heike Homrighausen, Dirk Lehmann, Rüdiger Sandmann,
Barbara Stockburger

KomplettTrainer

Mathematik 5

G Gymnasium

Klett Lerntraining

Bildnachweis: S. 11, 32, 34: MEV Verlag GmbH, Augsburg; S. 12: URW Design & Development, Hamburg; S. 32, 34: PhotoAlto, Eric Audras, Paris; S. 32, 37, 38: Picture-Alliance GmbH, dpa, Frankfurt; S. 37, 41: Alamy Images Limited, David Fleetham, Abingdon, Oxon; Dr. Frieder Sauer, Karlsfeld; Picture - Alliance GmbH dpa, Bildagentur Huber, Frankfurt; S. 38: AUDI AG, Ingolstadt; S. 38: Klett-Archiv, Stuttgart (H. Fahrenhorst); S. 41: Europäische Zentralbank; Getty Images RF, PhotoDisc, München; Picture - Alliance GmbH, dpa, Frankfurt; S. 44: Corel Corporation, Unterschleißheim; S. 64, 71, 72: Klett-Archiv, Stuttgart; S. 81: Deutsches Spielkartenmuseum, Leinfelden-Echterdingen; S. 92, 185: DaimlerChrysler AG, Stuttgart; BMW AG, München; Volkswagen AG, Wolfsburg; AUDI AG, Ingolstadt; Adam Opel AG, Rüsselsheim; S. 116: Ingram Publishing, Tattenhall Chester; Corel Corporation, Unterschleißheim; creativ collection Verlag GmbH, Freiburg; S. 169: Avenue Images GmbH (Ingram), Hamburg

Bibliografische Information der Deutschen Bibliothek
Die Deutsche Bibliothek verzeichnet diese Publikation in der Deutschen Nationalbibliografie; detaillierte bibliografische Daten sind im Internet über http://dnb.ddb.de abrufbar.

Auflage 4. 3. 2. 1. | 2012 2011 2010 2009

Internetadresse: www.klett.de
Zeichnungen: S. 29, 63, 72, 83, 101, 119, 123, 133 Naomi Fearn, Berlin;
S. 9, 13, 34, 46, 55, 73, 78, 81, 87, 98, 99, 114, 124, 125, 128, 129, 169, 172, 175, 180
Steffen Jähde, Berlin
Grafische Zeichnungen: SMP Oehler, Remseck; Christian Homrighausen, Stuttgart
Umschlaggestaltung: Sabine Krohberger Grafikdesign, München
Umschlagfoto: Corbis GmbH, Düsseldorf
Satz: SMP Sandra Oehler, Remseck
Reproduktionen: Meyle + Müller, Medien-Management, Pforzheim
Druck: G. Canale & C. S. p. A.
Printed in Europe
ISBN 978-3-12-927103-2

9 783129 271032

Alle Tests auf einen Blick

Liebe Schülerin, lieber Schüler,

der **KomplettTrainer Mathematik Gymnasium 5. Schuljahr** ist genau das richtige Buch für dich

- weil du den **kompletten** Lernstoff mit **einem Buch** wiederholen kannst,
- weil du wichtige **Regeln, Formeln und Merksätze mit Beispielen** auf einen Blick erfasst,
- weil du in vielen **Aufgaben** und **Tests** mit **ausführlichen Lösungen** das Gelernte **übst** und
- weil du damit gut vorbereitet in die **nächste Klassenarbeit** oder einen **Test** gehst.

So lernst du mit diesem Buch:

In der Kopfzeile findest du die 4 Rubriken *Wissen, Übungen, Test, Checkliste*. Rot hervorgehoben ist jeweils die Rubrik, in der du dich gerade befindest.

Wissen	**Übungen**	Test	Checkliste

Wissen Hier kannst du Regeln, wichtige Formeln, Merksätze, Beispiele und Tipps zu Vorgehensweisen nachschlagen.

Übungen An vielen Übungsaufgaben in unterschiedlichen Schwierigkeitsstufen kannst du üben, üben, üben … bis du den Stoff sicher beherrscht.

Test Der Test am Ende des Kapitels zeigt dir, wie gut du bist.

Checkliste Die Checkliste liefert dir die Auswertung des Tests und gibt dir Tipps, in welchen Bereichen du dich verbessern kannst.

Lösungen Hier kannst du sofort überprüfen, ob du die Aufgaben richtig gelöst hast.

Viel Erfolg wünschen dir deine Autoren und die Redakteure von Klett Lerntraining.

1 Natürliche Zahlen

1.1 Umgang mit großen Zahlen

Bereits als du noch ganz klein warst, hast du angefangen zu zählen und dabei fast wie von selbst die natürlichen Zahlen kennen gelernt. Heute kannst du sogar mit ihnen rechnen und mühelos auch mit ganz großen Zahlen umgehen.
Im folgenden Abschnitt trainierst du noch einmal

- Zahlen ihrer Größe nach zu sortieren,
- große Zahlen zu lesen und zu schreiben,
- das Runden großer Zahlen,
- große Zahlen mit Hilfe von Zehnerpotenzen darzustellen.

Die Menge der natürlichen Zahlen

$\mathbb{N} = \{0; 1; 2; 3; \ldots\}$

Mit $\mathbb{N}$ bezeichnest du die Menge der **natürlichen Zahlen**. Dies sind die Zahlen 0, 1, 2, 3, ..., mit denen du zählst. Jede natürliche Zahl (mit Ausnahme der Null) hat einen **Vorgänger** (die Zahl Null hat keinen Vorgänger) und einen **Nachfolger**. Es gibt also keine größte natürliche Zahl.
$\mathbb{N} = \{0; 1; 2; 3; \ldots\}$

Beispiel: Die Zahl 38 hat den Vorgänger 37 und den Nachfolger 39.

Anordnung – welche Zahl ist größer?

Vergleichst du zwei natürliche Zahlen, liegt die größere der beiden stets weiter rechts auf der Zahlengeraden, die kleinere entsprechend links.

Die Spitze des Zeichens < zeigt stets zur kleineren Zahl.

|<leiner

Man schreibt: $x < y$ oder $y > x$

Beispiel: $12 > 7$ sprich: „zwölf ist größer als sieben"
$7 < 12$ „sieben ist kleiner als zwölf"

1

Wie heißen Nachfolger und Vorgänger folgender Zahlen?

a) 250 b) 726 c) 1000 d) 70 000
e) 350 000 f) 726 985 g) 999 999 h) 1 111 110

2

Ordne die Zahlen ihrer Größe nach. Beginne mit der kleinsten.

a) 125; 1436; 52; 73 004; 2087; 521; 25
b) 10 356; 11 270; 1356; 10 365; 12 170; 13 560
c) 4 596 318; 4 569 318; 4 596 381; 4 695 813; 596 318; 4 318 596

3

Findest du die gesuchte Zahl?

a) Meine Zahl ist der Nachfolger von 3699.
b) Welche Zahl liegt in der Mitte zwischen 40 500 und 40 514?
c) Gibt es eine Zahl, die größer als 999 998 und kleiner als eine Million ist?

4

Tim und Nina haben vor sich vier Papierkärtchen mit den Ziffern 2, 4, 7 und 8 liegen. Welche Zahlen lassen sich aus allen vier Kärtchen bilden? Ordne alle vierstelligen Zahlen von klein nach groß!

5

Bewege dich vom Start (S) zum Ziel (Z). Erlaubt sind dabei nur Schritte nach rechts oder nach unten. Alle Ziffern werden der Reihe nach hintereinander geschrieben. Auf diese Weise entstehen sechsstellige Zahlen. Suche den Weg, bei dem sich die kleinste (größte) Zahl ergibt.

a)

S	3	9	7	3
4	5	8	2	8
6	8	7	1	6
1	6	0	5	**Z**

b)

S	4	8	3	4
4	8	2	5	7
7	3	4	9	2
6	4	1	2	**Z**

6

Stefanie denkt sich eine Zahl, die größer als 51 und kleiner als 84 ist. Alex denkt sich eine Zahl, die größer als 60 und kleiner als 100 ist, Klaus eine Zahl, die größer als 82 und kleiner als 95 ist. Alle haben sich die gleiche Zahl ausgedacht. Wie heißt die Zahl?

Große Zahlen richtig lesen

Das Lesen großer Zahlen wird durch eine **Stellenwerttafel** vereinfacht.

Milliarden			Millionen			Tausender					
H	Z	E	H	Z	E	H	Z	E	H	Z	E
				1	4	6	7	5	3	1	0

Zum übersichtlichen Aufschreiben teilst du die Ziffern der großen Zahlen in Dreierpäckchen. Beginne dabei stets ganz rechts.

Beispiel: 14 675 310
vierzehn Millionen sechshundertfünfundsiebzigtausenddrei-hundertzehn

Das Runden großer Zahlen

Zunächst musst du die **Rundungsstelle** festlegen. Du betrachtest dann die Ziffer rechts von der Rundungsstelle:
Ist diese Ziffer eine 0, 1, 2, 3 oder 4 **rundest** du **ab**.
Ist diese Ziffer eine 5, 6, 7, 8 oder 9 **rundest** du **auf**.

Beispiel:
Runde 36 715 auf den Hunderter! $36715 \approx 36700$ („abgerundet")
Runde 36 715 auf den Tausender! $36715 \approx 37000$ („aufgerundet")

Potenzschreibweise großer Zahlen

Für die Zahlen 10, 100, 1000, … gibt es eine besondere Schreibweise.

Beispiel: $1000 = 10 \cdot 10 \cdot 10 = 10^3$ $\quad 100\,000 = 10 \cdot 10 \cdot 10 \cdot 10 \cdot 10 = 10^5$

Hochzahl (Exponent)
10^3
Grundzahl (Basis)

Den Ausdruck 10^3 nennt man **Potenz** mit der **Grundzahl (Basis)** 10 und der **Hochzahl (Exponent)** 3. Auch alle anderen Zahlen lassen sich in der **Potenzschreibweise** darstellen.

Beispiel:
$8000 = 8 \cdot 1000 = 8 \cdot 10 \cdot 10 \cdot 10 = 8 \cdot 10^3$
$6345 = 6 \cdot 1000 + 3 \cdot 100 + 4 \cdot 10 + 5 = 6 \cdot 10^3 + 3 \cdot 10^2 + 4 \cdot 10^1 + 5$

7

Schreibe in Ziffern.

a) vierhundertsiebenundsechzigtausenddreihundert

b) sechs Millionen fünfhunderttausendsiebzig

c) dreihundertsieben Milliarden einhundertdreizehn Millionen siebenhundertdreiundsechzigtausendachthundertneunzehn

8

Schreibe in Worten.

a) 47 149 901 b) 102 203 079 c) 1 502 695 800

9

Schreibe die Zahlen als Summe von Zehnerpotenzen.

a) 10 000 b) 4300

c) 7 Zehntausender, 9 Hunderter, 8 Zehner und 4

d) 76 804 392 117

10

Beim Runden auf den Tausender haben sich Fehler eingeschlichen. Findest du sie?

a) 345 432 ≈ 346 000 b) 1 487 912 ≈ 1 490 000

c) 30 988 500 ≈ 30 988 000

11

Die folgenden Zahlen sind bereits gerundet worden. Gib jeweils die kleinsten und größten möglichen Ausgangszahlen an.

a) 340 (auf Zehner) b) 10^3 (auf Hunderter)

c) 6 999 000 (auf Tausender)

12

Thorsten kauft sich von seinen 50 € eine CD für etwa 20 € und eine Jeans-Hose für ungefähr 40 €. Wie kann das sein?

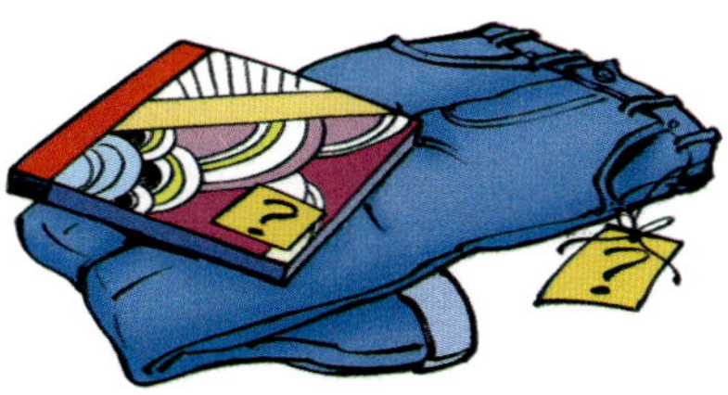

1.2 Teiler und Primzahlen

Bestimmt hast du mit deinen Freunden schon mal eine Tüte Bonbons aufgeteilt. Ging es dabei gerecht zu? Was bedeutet gerecht? Manchmal lassen sich Dinge aufteilen, ohne dass etwas übrig bleibt, ein andermal bleibt ein Rest.

Auf den folgenden Seiten

- lernst du die Begriffe Teiler und Vielfaches kennen,
- findest du wichtige Teilbarkeitsregeln,
- entdeckst du besondere natürliche Zahlen, sog. Primzahlen,
- bestimmst du gemeinsame Teiler und Vielfache.

Teiler und Vielfache

Lässt sich eine natürliche Zahl x durch eine natürliche Zahl y dividieren, ohne dass dabei ein Rest entsteht, sagt man: „x ist durch y teilbar."
In diesem Fall ist die Zahl **y ein Teiler von x** und die Zahl **x ist ein Vielfaches von y.** Kurz schreibt man:

$y \mid x$ „y ist Teiler von x" bzw. „x ist Vielfaches von y"
$y \nmid x$ „y ist kein Teiler von x" bzw. „x ist kein Vielfaches von y"

Beispiele: $4 \mid 32$ „4 ist ein Teiler von 32" $32:4=8$
$7 \nmid 23$ „7 ist kein Teiler von 23" $23:7=3$ Rest 2

Teilbarkeitsregeln

Um möglichst schnell zu erkennen, ob sich eine natürliche Zahl durch eine andere teilen lässt, gibt es ein paar hilfreiche Teilbarkeitsregeln.
Eine natürliche Zahl ist **teilbar durch** …
… **2,** wenn ihre letzte Ziffer eine 0, 2, 4, 6 oder 8 ist
… **3,** wenn ihre Quersumme durch 3 teilbar ist
… **4,** wenn ihre letzten beiden Ziffern eine durch 4 teilbare Zahl bilden
… **5,** wenn ihre letzte Ziffer eine 0 oder eine 5 ist
… **6,** wenn sie sowohl durch 2 als auch durch 3 teilbar ist
… **8,** wenn ihre letzten drei Ziffern eine durch 8 teilbare Zahl bilden
… **9,** wenn ihre Quersumme eine durch 9 teilbare Zahl ist
… **10,** wenn ihre letzte Ziffer eine 0 ist

Die Quersumme einer natürlichen Zahl ist die Summe aller Ziffern, z. B. Quersumme von 325 $3+2+5=10$.

Für die Zahl 7 gibt es leider keine Regel.

1

Ergänze die Lücken durch das Zeichen Teiler (|) bzw. kein Teiler ($\nmid$).

a) 8 □ 16 b) 2 □ 26 c) 5 □ 235 d) 6 □ 124 e) 7 □ 84
f) 3 □ 321 g) 6 □ 78 h) 8 □ 3064 i) 17 □ 306

2

Welche dieser Zahlen sind Vielfache von 3 (6; 8)?

2; 6; 9; 18; 24; 30; 72; 80; 84; 86; 90; 126; 216; 300; 320

3

Welche der nachfolgenden Aussagen sind wahr?

a) 130 ist kein Vielfaches von 15.
b) Eine durch 4 teilbare Zahl ist stets auch durch 2 teilbar.
c) 77 hat mehr verschiedene Teiler als 36.
d) Wenn eine Zahl durch 10 teilbar ist, hat sie noch mindestens zwei weitere Teiler.

4

Ergänze die fehlenden Ziffern, so dass 3 (4; 6; 8; 9) ein Teiler der dreistelligen Zahlen ist. Geht dies immer? Gibt es manchmal auch mehrere Möglichkeiten?

a) 12□ b) 6□3 c) □37

5

Eine Tafel Schokolade besteht aus 24 Stücken. Wie viele Möglichkeiten findest du, sie „gerecht" aufzuteilen?

6

Ein Skatblatt enthält 32 Karten. Jeder Spieler soll gleich viele Karten erhalten. Für welche Anzahl von Spielern ist das möglich?

7

Aus 36 quadratischen Waschbetonplatten soll eine rechteckige Fläche gepflastert werden. Wie viele verschiedene Flächen findest du? Skizziere die Lösungen (1 Platte = 1 cm^2)

Alle Teiler einer Zahl kannst du in der **Teilermenge** zusammenfassen.

Beispiele: $T_{12} = \{1; 2; 3; 4; 6; 12\}$ $T_{10} = \{1; 2; 5; 10\}$

Zwei natürliche Zahlen heißen **teilerfremd**, wenn die Zahl 1 ihr einziger gemeinsamer Teiler ist.

Beispiele: 8 und 15 sind teilerfremd $T_8 = \{\mathbf{1}; 2; 4; 8\}$ $T_{15} = \{\mathbf{1}; 3; 5; 15\}$

Eine Zahl bezeichnet man als **Primzahl**, wenn sie genau zwei Teiler hat; sie ist also ausschließlich durch 1 und sich selbst teilbar.

Die ersten Primzahlen sind: 2, 3, 5, 7, 11, 13, 17, 19, 23, 29

Die Zahl 1 ist KEINE Primzahl. Sie hat nur einen Teiler! $T_1 = \{1\}$

Als **Vielfachmenge** wird die Menge aller ganzzahligen Vielfachen einer Zahl bezeichnet. Im Gegensatz zur Teilermenge hat diese Menge unendlich viele Elemente.

Beispiel: $V_{12} = \{12; 24; 36; 48; 60; 72; \ldots\}$

Bei der Arbeit mit natürlichen Zahlen suchst du häufig nach gemeinsamen Teilern oder gemeinsamen Vielfachen. Eine besondere Bedeutung bekommen die folgende Zahlen.

Als **kleinstes gemeinsames Vielfaches (kgV)** zweier natürlicher Zahlen bezeichnet man die kleinste Zahl die sowohl Vielfaches der einen, wie auch der anderen Zahl ist.

Beispiel: $V_{12} = \{12; 24; \mathbf{36}; 48; \ldots\}$
$V_9 = \{9; 18; 27; \mathbf{36}; 45; \ldots\}$

kgV(9; 12) = 36

Größter gemeinsamer Teiler (ggT) zweier natürlicher Zahlen heißt die größte Zahl, die sowohl Teiler der einen wie auch der anderen Zahl ist.

Beispiel: $T_{36} = \{1; 2; 3; 4; 6; \mathbf{9}; 12; 18; 36\}$
$V_{27} = \{1; 3; \mathbf{9}; 27\}$

ggT(27; 36) = 9

8

Entscheide, ob die Zahlen jeweils zu den Teilermengen gehören.

	T_{12}	T_{18}	T_{36}	T_{120}	T_{144}	T_{256}
2						
3						
4						
5						
6						
8						

9

Auf den Karten siehst du einige Vielfache einer Zahl. Um welche Zahl könnte es sich dabei jeweils handeln? Gibt es manchmal auch mehrere Möglichkeiten? Begründe.

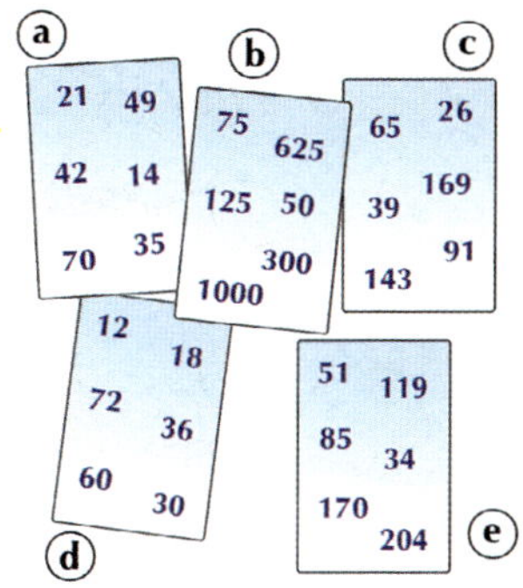

10

Zähle verschiedene Möglichkeiten auf, 2 Euro in Münzen einer Sorte zu wechseln.

11

Überprüfe mit einem Beispiel, ob folgende Aussagen wahr sein können oder falsch sind.

a) Zwei gerade Zahlen sind nie teilerfremd.
b) Jede ungerade Zahl ist eine Primzahl.
c) Eine Primzahl kann Teiler einer anderen Zahl sein.
d) Zwei Primzahlen haben kein gemeinsames Vielfaches.

12

Der Mathematiklehrer Herr Lorch kauft für ein Klassenfest Süßigkeiten. Schokotäfelchen gibt es in 9er-Packs, Schokoriegel im 10er-Pack und Schokowaffeln im 12er-Pack. Am Klassenfest nehmen 30 Schülerinnen und Schüler teil.
Ist es möglich, dass alle gleich viele Schokotäfelchen, Schokoriegel und Schokowaffeln bekommen? Wie viele Packungen jeder Sorte müsste Herr Lorch dazu kaufen und was würde jedes Kind bekommen?

1.3 Addition und Subtraktion

Addieren und Subtrahieren ist für dich sicherlich schon ein alter Hut. Es gibt bestimmt viele Beispiele, die dir dazu einfallen. Denke an deinen letzten Einkauf im Supermarkt oder die Punkte bei Karten- und Würfelspielen. Neben einer ausführlichen Wiederholung beschäftigen wir uns in diesem Kapitel aber auch mit einigen wichtigen Fachbegriffen:

- Bei der Addition verwenden wir zukünftig die Begriffe Summe und Summanden.
- Subtrahend, Minuend und Differenz wirst du als wichtige Bezeichnungen für die Subtraktion kennen lernen.
- Das Verfahren der schriftlichen Addition bzw. Subtraktion wird dir helfen, auch mit großen Zahlen sicher rechnen zu können.

Die Reihenfolge der Summanden ist beliebig

ABER

*Minuend und Subtrahend dürfen **niemals** vertauscht werden!*

Addition

Der Ausdruck 36 + 47 bezeichnet die **Summe** der Zahlen 36 und 47. Die Zahlen nennt man **Summanden**. Berechnet man die Summe, erhält man 83.

36 (1. Sumand) + 47 (2. Sumand) = 83 (berechnete Summe)

36 + 47: Summe

Subtraktion

Der Ausdruck 83 − 47 bezeichnet die **Differenz** der Zahlen 83 und 47. Die erste Zahl (83) heißt **Minuend**, die zweite (47) **Subtrahend**. Berechnet man die Differenz, erhält man 36.

83 (Minuend) − 47 (Subtrahend) = 36 (berechnete Differenz)

83 − 47: Differenz

Veranschaulicht man die Addition auf dem Zahlenstrahl, entspricht sie einer Bewegung nach rechts, die Subtraktion entsprechend einer Bewegung nach links.

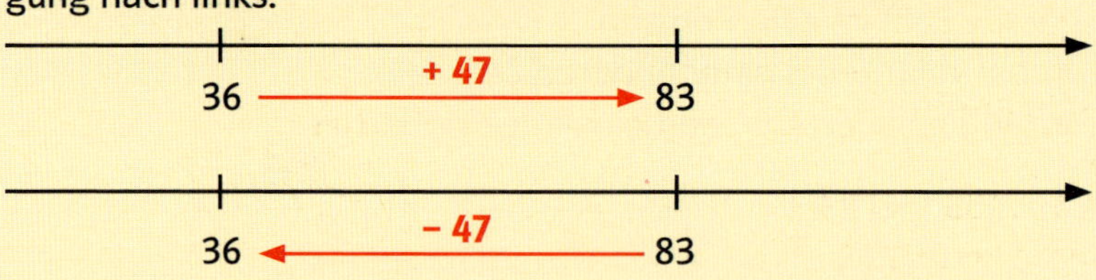

Das Addieren einer Zahl kann durch das Subtrahieren der gleichen Zahl rückgängig gemacht werden; Gleiches gilt auch umgekehrt.

1

Berechne im Kopf

a) 16 + 47 b) 23 − 18 c) 137 − 75 d) 28 + 93 e) 625 − 75
f) 220 + 45 g) 78 − 29 h) 306 + 705 i) 88 − 55 j) 300 − 15

2

In diesen magischen Quadraten sind die Zahlen von 1 bis 9 so angeordnet, dass sich in jeder Reihe, jeder Spalte und auf den Diagonalen jeweils die Summe 15 ergibt. Ergänze die Quadrate.

a)

		8
		1
	7	

b)

		2
8		

c)

		3

3

Bestimme die fehlenden Zahlen. Notiere dazu jeweils eine Rechnung.

a) ▢ + 36 = 63 b) 47 − ▢ = 13 c) ▢ − 123 = 456
d) 234 + ▢ = 324 e) 111 − 99 = ▢ f) 34 + ▢ = 345
g) ▢ − 48 = 49 h) 127 − ▢ = 0

4

Wähle aus den Zahlenkärtchen jeweils zwei aus, so dass

a) die Summe möglichst groß wird.
b) die Differenz größer als 90 ist.
c) der Subtrahend genau um 25 kleiner ist als der Minuend.
d) die Differenz möglichst nahe bei Null liegt.

255 180 245 165 65 90

5

Ein Kreuzzahlenrätsel.

1			■	6
2		■	5	
3		4	■	
	■	7		

waagrecht
1 Summe aus 138 und 237
2 subtrahiere 84 von 95
3 Differenz aus 83 und 59
5 addiere 17 und 77
7 Differenz aus 1317 und 787

senkrecht
1 Summe aus 2000 und 1120
4 Subtrahiere von der Summe aus 95 und 85 die Zahl 135.
6 Von welcher Zahl muss man 120 subtrahieren, um 3360 zu erhalten?

Schriftliches Addieren

ORDNUNG MUSS SEIN!
Verwende die Karos in deinem Heft
1 Karo = 1 Ziffer

Beim schriftlichen Addieren schreibst du alle Summanden untereinander. Achte dabei darauf, dass die Einer, Zehner, Hunderter usw. stets exakt untereinander stehen. Beginne nun mit den Einern, addiere dann die Zehner, Hunderter und Tausender. Hierbei können **Überträge** entstehen.

Beispiel: 3637 + 748 + 2914 = ?

Vergiss die Überträge nicht!

	T	H	Z	E
	3	6	3	7
		7	4	8
+	2	9	1	4
	2		1	
	7	2	9	9

↑

Einer (E):	4 + 8 + 7 = **19**	schreibe 9, übertrage 1
Zehner (Z):	**1** + 1 + 4 + 3 = **9**	schreibe 9
Hunderter (H):	9 + 7 + 6 = **22**	schreibe 2, übertrage 2
Tausender (T):	**2** + 2 + 0 + 3 = **7**	schreibe 7

Überschlag und Probe

Um eine ungefähre Vorstellung vom Ergebnis zu bekommen, kannst du zunächst eine **Überschlagsrechnung** machen. Runde dazu alle Summanden so, dass du im Kopf rechnen kannst.

3637 ≈ 3600 748 ≈ 700 2914 ≈ 3000 3600 + 700 + 3000 = **7300**

Beim schriftlichen Addieren hast du bei jeder Stelle die Summe von „unten nach oben" berechnet. Zur **Probe** kannst du die Rechnung auch noch einmal von „oben nach unten" durchführen.

	3	6	3	7
		7	4	8
+	2	9	1	4
	2		1	
	7	2	9	9

↓

7 + 8 + 4 = **19**
3 + 4 + 1 + 1 = 9
6 + 7 + 9 = **22**
3 + 0 + 2 + 2 = 7

Schriftliches Subtrahieren

Bei der schriftlichen Subtraktion kannst du …

entweder spaltenweise von der unteren Ziffer zur oberen Ziffer ergänzen …

oder

… spaltenweise die untere Ziffer von der oberen abziehen.

Beispiel: 7329 − 421

```
  7 3 2 9
−   4 2 1
---------
        8
```

Rechne: 1 E und 8 E sind 9 E. Schreibe 8.

Oder: 9 minus 1 sind 8

```
  7 3 2 9
−   4 2 1
---------
      0 8
```

Rechne: 2 Z + 0 Z = 2 Z. Schreibe 0.

Oder: 2 minus 2 sind 0

```
  7 3 2 9
−   4 2 1
  1
---------
    9 0 8
```

Rechne: 4 H + ? H = 3 H;

Oder: 3 minus 4 → ?

das geht nicht

Also musst du dir aus der Tausenderspalte 1 T = 10 H ausleihen und vermerkst dies mit einer „Behalte 1" in der Tausenderspalte.

Rechne nun:

4 H + 9 H = 13 H — 13 minus 4 sind 9

Schreibe 9, behalte 1.

```
  7 3 2 9
−   4 2 1
  1
---------
  6 9 0 8
```

Rechne: 1 T + 6 T = 7 T. Schreibe 6.

Oder: 7 minus „Behalte 1" sind 6

Überschlag und Probe

Auch bei der Subtraktion kannst du durch Runden zunächst eine einfache Überschlagsrechnung im Kopf machen.

7329 ≈ 7300 421 ≈ 400 7300 − 400 = 6900

Die Subtraktion einer Zahl kann man durch die Addition der entsprechenden Zahl wieder rückgängig machen. Du hast richtig gerechnet, wenn die Summe aus Differenz und Subtrahend genau den Minuend ergibt.

Probe:

	6	9	0	8
+		4	2	1
	1			
	7	3	2	9

6

Berechne die Summen.

a)
4 0 7 8
+ 3 5 6 1

b)
9 2 4 3
+ 2 7 7 8

c)
2 3 7 2
+ 9 3 9

7

Berechne die Differenzen.

a)
3 2 2 4
− 2 9 3 5

b)
6 3 4 4
− 5 1 4 5

c)
7 4 0 9
− 6 7 0 3

8

Ergänze die fehlenden Ziffern.

a)
4 3 5 □
+ □ 5 □ 8
6 □ 9 9

b)
5 0 □ □
+ 2 □ □ 6
□ 6 7 9

c)
8 □ 7 6
− 2 3 □ 2
□ 1 1 □

d)
3 □ 7
− □ □ 3
1 9 □

9

Addiere oder subtrahiere schriftlich.

a)
8 7 6 3 4
− 1 4 3 3
− 9 7 4 2

b)
2 2 0 7 7
+ 1 6 9 3 5
+ 9 9 8 4

c)
8 1 3 3 3
+ 1 7 5 8 9
+ 1 1 3 2

d)
2 5 9 3 3
− 2 1 7 6 6
− 2 0 1 2

10

Entscheide wo du nacheinander, wo in einem Schritt rechnen kannst.

a) 67 345 + 44 829 + 102 346 =

b) 104 736 − 27 890 + 14 343 =

c) 96 329 − 88 927 − 4398 =

d) 100 854 + 27 399 − 111 439 =

11

Ein Tanklastzug hat ein Fassungsvermögen von 12 500 Litern Heizöl. Verschiedene Haushalte erhalten nacheinander 2785 Liter, 6220 Liter und 3155 Liter.

Wie viele Liter verbleiben im Tankwagen?

Überschlage zunächst und rechne dann genau.

12

Die Deutsche Fußball Nationalmannschaft trug ihre drei Gruppenspiele bei der WM 2006 in München (59 416 Sitzplätze), Dortmund (60 285) und Berlin (66 021) aus.

a) Wie viele Zuschauer konnten die Gruppenspiele live in den Stadien verfolgen?

b) Wie viele Zuschauer hätten es mehr sein können, wenn ausschließlich im größten der drei Stadien gespielt worden wäre?

13

In den Karten sind verschiedene Aufgaben durcheinander geraten. Mach einen Überschlag, um herauszufinden, welche Zahlen zueinander gehören.

94518	−	63410	=	67537
78503		97256		15093
182961		35299		21513
56812		26981		85705

1.4 Multiplikation und Division

Was man unter Multiplizieren und Dividieren versteht, weißt du schon längst. Genau wie im vorangegangenen Kapitel zur Addition und Subtraktion lernst du hier

- mit den Begriffen Faktor, Dividend, Divisor sowie Produkt und Quotient umzugehen,
- das Verfahren der schriftlichen Multiplikation und Division beim Rechnen mit mehrstelligen Zahlen anzuwenden,
- Ergebnisse mit Überschlagsrechnungen abzuschätzen.

Die Reihenfolge der Faktoren ist beliebig!

ABER

*Dividend und Divisor dürfen **niemals** vertauscht werden!*

Multiplikation

Den Ausdruck 13 · 8 bezeichnet als **Produkt** der Zahlen 13 und 8. Die Zahlen nennt man **Faktoren**. Berechnet man das Produkt, erhält man 104.

13	·	8	=	104
1. Faktor	Produkt	2. Faktor		berechnetes Produkt

Division

Den Ausdruck 126 : 7 bezeichnet man als **Quotient** der Zahlen 126 und 7. Die erste Zahl (126) heißt **Dividend**, die zweite (7) **Divisor**. Berechnet man den Quotienten, erhält man 18.

126	:	7	=	18
Dividend	Quotient	Divisor		berechneter Quotient

Die Zahl 0

Ist bei einem Produkt ein Faktor 0, so erhältst du als Ergebnis 0.

31 · 0 = 0

0 · 9 = 0

Dividierst du die Zahl 0 durch eine Zahl, ist das Ergebnis stets 0.

ACHTUNG

Durch 0 darf man niemals teilen

0 : 17 = 0

~~*12 : 0*~~

Das Multiplizieren mit einer Zahl kann durch das Dividieren durch die gleiche Zahl rückgängig gemacht werden. Das gilt auch umgekehrt: Das Dividieren durch eine Zahl kann durch das Multiplizieren mit der gleichen Zahl rückgängig gemacht werden.

Beispiel: $3 \underset{:4}{\overset{\cdot 4}{\rightleftarrows}} 12$

Wird eine Zahl mehrmals mit sich selbst multipliziert spricht man von **Potenzen** (siehe auch Unterkapitel 1.1). Die Ergebnisse aus Produkten mit zwei gleichen Faktoren heißen **Quadratzahlen**.

Beispiele:

$3 \cdot 3 \cdot 3 \cdot 3 \cdot 3 = 3^5 = 243$ $\qquad$ $7 \cdot 7 = 49$

$10 \cdot 10 \cdot 10 = 10^3 = 1\,000$ $\qquad$ $12 \cdot 12 = 144$

1

Wie fit bist du noch im Kopfrechnen?

a) $6 \cdot 15$ b) $40 \cdot 50$ c) $13 \cdot 8$ d) $72:24$ e) $80:5$
f) $12 \cdot 13$ g) $195:15$ h) $25 \cdot 11$ i) $84:6$ j) $0:17$

2

Vervollständige die Tabellen.

1. Faktor	8	7		15
2. Faktor	12		13	
Produkt		84	117	225

Dividend	81	32		156
Divisor	3		5	
Quotient		8	120	13

3

Notiere Rechnung und Ergebnis.

a) Was ist das Vierfache der Zahl 17?
b) Eine Zahl wurde mit 15 multipliziert, das Ergebnis ist 90.
c) Der neunte Teil einer Zahl ist 14. Um welche Zahl handelt es sich?
d) Der Quotient ist 22, der Divisor 7. Wie lautet der Dividend?

4

In manche Aufgaben haben sich Fehler eingeschlichen. Kontrolliere und berichtige die falschen Ergebnisse.

a) $13 \cdot 6 = 78$ b) $221:17 = 12$ c) $16 \cdot 12 = 194$
d) $126:18 = 7$ e) $336:16 = 21$ f) $148:4 = 36$

5

a) Wie ändert sich das Produkt zweier Faktoren, wenn man einen der beiden Faktoren verdoppelt?
b) Wie ändert sich das Produkt zweier Faktoren, wenn man einen Faktor verdoppelt und den anderen halbiert?
c) Wie ändert sich der Quotient zweier Zahlen, wenn man den Dividend verdoppelt und den Divisor halbiert?

6

Steffen hat eine Zeitschrift abonniert und zahlt jährlich 35 €. Svenja kauft alle 14 Tage die aktuelle Ausgabe für 1,50 €. Für welche Variante würdest du dich entscheiden?

Schriftliches Multiplizieren

Lässt sich ein Produkt nicht mehr im Kopf berechnen, so kannst du dies in schriftlicher Form durchführen. Dabei nutzt du die Zerlegung eines Faktors in Einer, Zehner, Hunderter usw. aus und berechnest das Produkt Stelle für Stelle.

Beispiel: 1 273 · 7
(1 Tausender + 2 Hunderter + 7 Zehner + 3 Einer) · 7

Wichtig
Schreibe stellengenau untereinander!

T	H	Z	E		
1	2	7	3	·	7
		8	9	1	1
		1	5	2	

Einer (E):	3 · 7 = **21**	schreibe 1, übertrage 2
Zehner (Z):	7 · 7 + 2 = **51**	schreibe 1, übertrage 5
Hunderter (H):	2 · 7 + 5 = **19**	schreibe 9, übertrage 1
Tausender (T):	1 · 7 + 1 = **8**	schreibe 8

Multiplizierst du eine Zahl mit einem mehrstelligen Faktor, musst du dieses Verfahren entsprechend mehrmals durchführen.
Alle Teilergebnisse werden dabei untereinander geschrieben und am Ende addiert.

Beispiel: 327 · 416

Tipp
Bei der Multiplikation darfst du die Reihenfolge der Faktoren vertauschen. Wähle als zweiten Faktor die Zahl, die weniger Stellen enthält oder viele Nullen hat.

	3	2	7	·	4	1	6
		1	3	0	8	0	0
				3	2	7	0
+				1	9	6	2
				2	1		
		1	3	6	0	3	2

→ 327 · 400
→ 327 · 10
→ 327 · 6

Überschlag

Um eine ungefähre Vorstellung vom Ergebnis zu bekommen, solltest du zunächst wieder eine **Überschlagsrechnung** machen. Runde dazu die Faktoren so, dass du im Kopf rechnen kannst.

327 ≈ 300 416 ≈ 400 300 · 400 = 120 000

Schriftliches Dividieren

Auch die Division wird mit größeren Zahlen im Kopf sehr schwierig. Genau wie bei der schriftlichen Multiplikation gehst du auch diesmal stellenweise vor.

Beispiel: 938 : 7

	9	3	8	:	7	=	1	3	4
−	7								
	2	3							
−	2	1							
		2	8						
	−	2	8						
			0						

7 geht in die 9 einmal
schreibe 1 Hunderter
rechne 1 · 7 = 7
es bleiben 9 − 7 = 2 Hunderter
hole die 3 nach unten (23)

7 geht in die 23 dreimal
schreibe 3 Zehner
rechne 3 · 7 = 21
es bleiben 23 − 21 = 2 Zehner
hole die 8 nach unten (28)

7 geht in die 28 viermal
schreibe 4 Einer
rechne 4 · 7 = 28
es bleiben 28 − 28 = 0 Einer

Probe
Zur Probe kannst du wieder die zugehörige Multiplikationsaufgabe rechnen:
134 · 7 = 938

Dieses Verfahren kannst du auch anwenden, wenn der Divisor eine mehrstellige Zahl ist. Wenn die Division nicht aufgeht, bleibt ein Rest, der stets kleiner als der Divisor ist.

	8	4	2	7	:	2	4	=	3	5	1	Rest		3
−	7	2				3 · 24								
	1	2	2											
−	1	2	0				5 · 24							
			2	7										
		−	2	4				1 · 24						
				3										

Probe mit Rest
351 · 24 = 8424
8424 + 3 = 8427

Überschlag

Rundest du Dividend und Divisor, kannst du im Kopf schon einmal den Quotienten bilden und bekommst damit eine ungefähre Vorstellung vom exakten Ergebnis.

8427 ≈ 8000   24 ≈ 20   8000 : 20 = 400

7

Berechne die Produkte. Vertausche eventuell die Reihenfolge der Faktoren.

a) $4\,317 \cdot 9$ b) $70 \cdot 347$ c) $200 \cdot 788$ d) $122 \cdot 32$
e) $411 \cdot 289$ f) $168 \cdot 1443$ g) $273 \cdot 481$ h) $6216 \cdot 143$

8

Berechne die Quotienten.

a) $1248 : 3$ b) $3452 : 4$ c) $517 : 18$ d) $953 : 38$
e) $4950 : 25$ f) $8702 : 29$ g) $95432 : 79$ h) $17792 : 32$

9

Finde die gesuchten Zahlen.

a) Gesucht ist der Quotient der Zahlen 3618 und 27.
b) Der Quotient aus 266 und welcher Zahl ist 19?
c) Multipliziert man die Zahl mit 52, so erhält man 8996.
d) Das Produkt der Zahl mit 13 ergibt das 9fache von 585.

10

Bestimme die fehlenden Ziffern.

		3	5	□	1	□	:	2	□	=	1	□	□	□						
	−	□	4																	
		□	□	□																
	−		9	□									□	4	7	·	6	□	3	
			□	1	1									2	0	□	□			
		−	□	□	□											6	9	4		
				1	9	□							+			1	□	□	1	
			−	□	□	□								□	□	□	□	8	1	
						0														

11

In die Aufgabe $412 \cdot 793 = 326\,714$ hat sich ein Fehler eingeschlichen.

a) Prüfe zunächst durch Überschlagsrechnung.
b) Woran könnte man sofort erkennen, dass das Ergebnis falsch ist?
c) Bei welchen der nachfolgenden Zahlen kann es sich auf keinen Fall um eine Quadratzahl handeln? Begründe.
7403; 289; 15129; 4708; 5041

12

Das Herz eines 13-jährigen Kindes schlägt in der Minute etwa 70-mal.

a) Wie viele Herzschläge würde man in einer Stunde (an einem Tag, in einem Jahr) zählen?

b) Welche Zeit ist nach 3 000 000 Herzschlägen ungefähr vergangen?

13

Der Schall legt in Luft pro Sekunde eine Strecke von ca. 333 m zurück.

a) Welche Strecke legt der Schall in einer Minute zurück?

b) Bei einer Gebirgswanderung hörst du dein eigenes Echo nach 8 Sekunden. Wie weit bist du von der Felswand entfernt?

c) Blitz und Donner entstehen bei einem Gewitter gleichzeitig. Das Licht breitet sich so schnell aus, dass man keine Verzögerung bemerken kann. Der Donner jedoch ist erst nach 12 Sekunden zu hören. Wie weit muss das Gewitter noch von dir entfernt sein?

14

Es besuchten 162 900 Schülerinnen und Schüler das Gymnasium. Auf etwa acht Schüler kam dabei ein Lehrer. Wie viele Gymnasiallehrer müsste es demnach gegeben haben?

15

Nach vielen Jahren glückloser Teilnahme kam Frau Hoffmanns großer Tag. Sie hatte den Lotto-Jackpot geknackt – unglaublich, aber wahr. Am nächsten Morgen in der Zeitung dann der Wehrmutstropfen: Den Jackpot in Höhe von 12 674 820 € muss sie sich mit weiteren 11 Gewinnern teilen. Ist Frau Hoffmann dennoch Lotto-Millionärin?

16

Ein Profi-Fußballspieler verdient rund 8,5 Millionen Euro im Jahr. Pro Spielzeit absolviert die Mannschaft etwa 47 Pflichtspiele in Liga, Pokal und Europapokal.
Wie viel Euro verdient der Spieler etwa pro Spiel?

1.5 Verknüpfung der Grundrechenarten

Zwei Autos treffen an einer Kreuzung aufeinander. Wer darf zuerst fahren? Im Straßenverkehr gibt es Ampeln und Schilder, die die Vorfahrt regeln und denen jeder Beachtung schenken sollte.
Wie aber ist es in der Mathematik? Was passiert, wenn in einem Rechenausdruck gleich mehrere Rechenarten ausgeführt werden sollen? Welche Rechenoperation kommt zuerst?

In diesem Abschnitt wirst du
- Punkt- und Strichrechenarten unterscheiden lernen,
- den Umgang mit Klammern lernen,
- Rechenausdrücke (sog. Terme) aufstellen und ausrechnen.

Terme

Ein Term besteht aus einer Verknüpfung beliebig vieler Zahlen, Rechenarten und Klammern. Manchmal findet man für die Zahlen auch Buchstaben als Platzhalter. Für uns besonders interessant ist der Wert eines Terms, d.h. das Ergebnis nach Ausführung aller Rechenarten.

Beispiele: $49 : [38 - (3 \cdot 7 + 10)]$ $\quad x + y - 2 \cdot z$

Die Grundrechenarten

Ausnahme
Handelt es sich bei einem Term um eine reine Addition oder Multiplikation, darfst du die Reihenfolge der Summanden bzw. Faktoren sogar vertauschen.

$3 + 34 = 34 + 3 = 37$

$7 \cdot 6 = 6 \cdot 7 = 42$

Die Addition (+) und die Subtraktion (–) bezeichnet man als **Strichrechnungen**. Entsprechend handelt es sich bei Multiplikation (·) und Division (:) um **Punktrechnungen**.

Besteht ein Rechenausdruck (Term) ausschließlich aus Punkt- bzw. Strichrechnungen so wird sein Wert von links nach rechts berechnet.

Beispiel:
$$46 + 19 - 63 + 21 = 65 - 63 + 21 = 2 + 21 = 23$$

$$\underbrace{\underbrace{\underbrace{46 + 19}_{65} - 63}_{2} + 21}_{23}$$

Am häufigsten jedoch werden dir Terme begegnen, in denen gleich mehrere verschiedene Rechenoperationen ausgeführt werden sollen. Dabei gelten dann die folgenden Vorrangsregeln.

Klammern zuerst

Befindet sich in einem Rechenausdruck eine Klammer, berechnet man zuerst das Innere der Klammer. Befinden sich in einer Klammer weitere Klammern, beginnst du mit der inneren Klammer.

Beispiel:

$$
\begin{aligned}
3 + [7 - (6 - 4)] &= 3 + [7 - 2] \\
&= 3 + 5 \\
&= 8
\end{aligned}
$$

$$\underbrace{3 + \underbrace{[7 - \underbrace{(6 - 4)}_{2}]}_{5}}_{8}$$

Punkt vor Strich

Punktrechnungen werden vor Strichrechnungen ausgeführt, d. h. es wird zunächst multipliziert oder dividiert und im Anschluss daran addiert oder subtrahiert.

Beispiel:

$$
\begin{aligned}
42 - 4 \cdot 8 &= 42 - 32 \\
&= 10
\end{aligned}
$$

$$\underbrace{42 - \underbrace{4 \cdot 8}_{32}}_{10}$$

Als Kombination beider Regeln erhältst du die allgemeine Vorrangsregel
KLAMMER vor PUNKT vor STRICH

Beispiel:

$[9 + 3 \cdot (13 - 8)] : 6$	innere Klammer zuerst
$= [9 + 3 \cdot 5] : 6$	Punkt vor Strich in der Klammer
$= [9 + 15] : 6$	Klammer zuerst
$= 24 : 6$	
$= 4$	

$$\underbrace{\underbrace{[9 + \underbrace{3 \cdot \underbrace{(13 - 8)}_{5}}_{15}]}_{24} : 6}_{4}$$

1

Berechne.

a) $3 \cdot 6 - 12$

b) $37 + 4 \cdot 2$

c) $8 \cdot (3 + 6)$

d) $(13 - 5) \cdot (11 + 2)$

e) $4 \cdot 16 - 21$

f) $3 + (15 - 2 \cdot 3)$

g) $96 : (12 + 4 \cdot 9)$

h) $14 \cdot 2 + (7 - 3) \cdot 4$

i) $(48 + 42) : (27 - 12)$

2

In den folgenden Rechnungen haben sich mal wieder Fehler eingeschlichen. Findest du sie?

$163 + 67 \cdot 7$
$= 230 \cdot 7$
$= 1610$

$4 \cdot (13 - 3 \cdot 3)$
$= 4 \cdot (13 - 9)$
$= 52 - 9$
$= 43$

$(6 \cdot 15 - 3 \cdot 4) : 3$
$= (6 \cdot 15 - 12) : 3$
$= (6 \cdot 3) : 3$
$= 18 : 3$
$= 6$

3

Durch Hinzufügen eines Klammernpaares sollst du versuchen, den Wert des Terms möglichst groß (klein) werden zu lassen.

a) $4 + 6 \cdot 3 - 5$

b) $20 - 15 : 1 + 4$

c) $36 : 9 - 3 + 1$

4

Jochen, diese Woche Tafelordner in der Klasse 5a, war mit dem Wischen ein wenig zu schnell. Findest du die ausgewischten Zahlen?

a) $4 \cdot (6 - ■) = 12$

b) $6 \cdot ■ - 7 = 17$

c) $5 \cdot (8 - 2) \cdot ■ = 120$

5

Sabine muss zum Schuljahresbeginn neue Hefte kaufen. Ein DIN-A4-Heft kostet 40 Cent, ein DIN-A5-Heft 30 Cent. Insgesamt benötigt Sabine acht große und fünf kleine Hefte. Sie zahlt mit einem Fünf-Euro-Schein. Wie viel Geld erhält sie zurück?

a) Notiere alle deine Rechnungen.

b) Versuche das Ergebnis mit einem einzigen Term zu ermitteln.

6

Übertrage die Rechenausdrücke zunächst in einen Term und berechne dann den Wert des Terms.

a) Addiere zur Zahl 234 das Produkt der Zahlen 12 und 8.
b) Bilde die Summe von 15 und 7 und multipliziere sie dann mit der Differenz aus 36 und 27.
c) Subtrahiere von der Zahl 76 den Quotienten der Zahlen 48 und 8.
d) Subtrahiere vom Produkt der Zahlen 18 und 7 die Summe aus 33 und 19.
e) Dividiere die Summe der Zahlen 81 und 63 durch die Differenz der Zahlen 33 und 29.

7

Die Symbole ♣, ♠, ♥ und ♦ sind dir aus Kartenspielen bestimmt bestens bekannt. Hier steht jedes Symbol für eine der Ziffern 1, 3, 4 oder 7. Welches Symbol für welche Ziffer steht, kannst du der folgenden Rechnung entnehmen.

(♣ − ♥) · ♠ − ♦ = ♥
♦ · ♣ − ♠ = ♥♦
♥♣ + ♣♠ = ♠♦

1

a) Runde die nachfolgenden Zahlen jeweils auf den Tausender.
3 624 319; 123 746; 957; 3 623 471; 989 512

b) Schreibe die größte der gerundeten Zahlen in Worten.

c) Ordne die gerundeten Zahlen ihrer Größe nach.

Punkte: max.3

2

Entscheide, ob die Zahlen jeweils zu den Teilermengen gehören.

	T_8	T_{54}	T_{86}	T_{128}	T_{180}
2					
3					
4					
5					

Punkte: max.4

3

Wahr oder falsch?

a) Jede durch neun teilbare Zahl ist auch durch drei teilbar.

b) Die Zahl 210 hat weniger verschiedene Teiler als die Zahl 1024.

c) Die Vielfachen einer Primzahl sind wieder Primzahlen.

Punkte: max.3

4

Addiere und subtrahiere schriftlich.

a) 53 417 + 6633 + 14 442

b) 56 789 − 12 345 − 5544

Punkte: max.2

5

Dividiere und multipliziere schriftlich.

a) 95 760 : 63 =

b) 143 · 724 =

Punkte: max.2

6

Schreibe jeweils einen Term und berechne ihn.

a) Addiere zur Zahl 126 das Produkt aus 12 und 7.

b) Bilde die Differenz der Zahlen 123 und 76 und multipliziere sie mit 9.

c) Bilde die Summe aus 16 und 17 und multipliziere sie dann mit der Summe aus 3 und 19.

Punkte: max.3

Gesamtpunkte: max.17

Aufgaben Nummer	erreichte Punktzahl von (...)	Lernerfolg	Lernabschnitt abhaken ✓
1	_____ (3)	Hast du die volle Punktzahl erreicht? Dann bist du fit im Umgang mit großen Zahlen und kannst dich gleich ans Rechnen machen.	1.1
2 3	_____ (4) _____ (3)	Wenn du in beiden Aufgaben volle Punktzahl hast, erkennst du Teiler und Vielfache auf einen Blick und hast auch auf knifflige Fragen stets eine Antwort parat.	1.2
4	_____ (2)	In dieser Aufgabe hast du noch einmal das schriftliche Addieren und Subtrahieren üben können. Wenn du beide Punkte hast, mache dich gleich ans Multiplizieren und Dividieren.	1.3
5	_____ (2)	Hast du alle Punkte erreicht? Dann sind Multiplikation und Division jetzt auch abgehakt.	1.4
6	_____ (3)	Wenn du diese drei Teilaufgaben richtig gelöst hast, kennst du die „Vokabeln" zum Rechnen mit natürlichen Zahlen und kannst auch komplexe Regeln wie „Punkt vor Strich" sicher und fehlerfrei anwenden.	1.5

14 – 17 Punkte	7 – 13 Punkte	0 – 6 Punkte
Prima, du hast dieses Kapitel gut verstanden! Nun kannst du das nächste Kapitel üben.	Du hast viel gelernt, aber es könnte auch besser sein. Wiederhole die Lernabschnitte noch einmal, die in deiner Checkliste nicht abgehakt sind.	Es gibt bei dir noch viele Unsicherheiten. Du musst noch mehr üben! Wiederhole die Lernabschnitte noch einmal, die in deiner Checkliste nicht abgehakt sind.

2 Messen und Größen

2.1 Was sind Größen?

Im Alltag kommen Zahlen bei der Beschreibung von Situationen oft nicht alleine vor, sondern treten in Verbindung mit Einheiten auf, wie z. B. „Eine Schulstunde dauert 45 min“. Mit solchen Einheiten können sich Menschen untereinander über die Länge von Zeitspannen oder über Größe und Gewicht von Gegenständen verständigen. Vielleicht hast du auch schon von anderen Einheiten gehört. Bildschirmgrößen und auch die Zauberstäbe in „Harry Potter“ werden beispielsweise in Zoll angegeben.

In diesem Abschnitt kannst du lernen,
- was Größen überhaupt sind,
- wie du Größen messen kannst,
- welche Größen es gibt.

Größen sind messbare Eigenschaften von Objekten. Durch das Messen kannst du dir eine genauere Vorstellung z. B. von einer Länge machen, vor allem aber sind die heutigen Einheiten international und deshalb überall gleich.
Eine Größe besteht aus einer **(Maß-)Zahl** und einer **(Maß-)Einheit**.

Der Erdumfang ist rund 40 075 km.

40 075 ↗ Maßzahl
km ↖ Maßeinheit

Oft kannst du aber eine Größe gar nicht messen. Dann musst du **schätzen**. Wenn du das Schätzen von Größen ausprobierst, wirst du feststellen, dass es gar nicht so einfach ist. Folgende **Vergleichsgegenstände** können dir helfen, Größen zu schätzen.

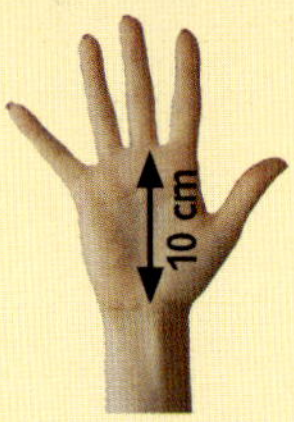

5 kg

100 g

1 l; 1 kg

1

Schätzen ist gar nicht so einfach. Zeichne z. B. mit Hilfe einer Buchkante eine Strecke von 5 cm und eine Strecke von 40 cm Länge. Überprüfe anschließend mit einem Lineal.

2

Schätze die folgenden Längen und Gewichte. Miss zum Vergleich nach.

a)

Gegenstand	Länge geschätzt	Länge gemessen
Mathebuch	15cm	
Füller	10cm	
Mäppchen	15cm	
Schuh	37cm	

b)

Gegenstand	Gewicht geschätzt	Gewicht gemessen
Mathebuch	1kg	
Füller	15g	
Mäppchen	200g	
Schuh	500g	

3

Schon in der Bibel treten Maßeinheiten auf, die bis ins 19. Jahrhundert auch in unseren Gegenden gebräuchlich waren. Im 1. Buch Moses, Kapitel 6, Vers 15 befiehlt Gott Noah, eine Arche zu bauen:
„Mache dir einen Kasten von Tannenholz und mache Kammern darin und verpiche ihn mit Pech innen und außen. Und mache ihn so: Dreihundert Ellen sei die Länge, fünfzig Ellen die Breite und dreißig Ellen die Höhe."

a) Eine Elle ist der Abstand von Ellbogen zur Mittelfingerspitze eines Mannes. Miss deine Elle und berechne damit die Maße der Arche Noah.

b) Die Elle war besonders bei Schneidern verbreitet. Kannst du dir vorstellen, welchen Nachteil dieses Maß hat und weshalb man heute Längen nicht mehr in Ellen misst?

2.2 Längen

Im letzten Abschnitt konntest du feststellen, dass die Elle kein geeignetes Längenmaß war, da ihre Länge nicht einheitlich war. Um 1800 wurde ausgehend von Frankreich ein einheitliches System eingeführt mit dem Meter als Längenmaß. Mit Beginn des Deutschen Reiches 1871 galt auch überall in Deutschland das neue so genannte metrische System.

In diesem Kapitel trainierst du
- den Umgang mit Längeneinheiten,
- das Umrechnen von Längeneinheiten.

Übersicht über die Längeneinheiten:

Nicht gebräuchlich sind 1 dam (Dekameter) = 10 m und 1 hm (Hektometer) = 10 dam. Deshalb ist die Lücke zwischen km und m so groß.

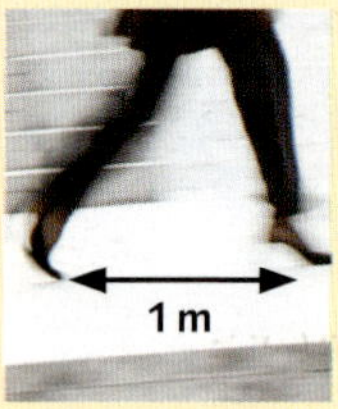

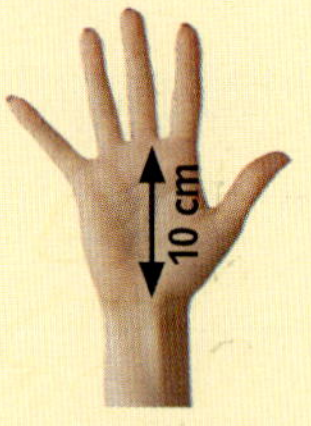

1 km = 1000 m   1 m = **10** dm   1 dm = **10** cm   1 cm = **10** mm

Umrechnungszahl: **10**

So kannst du Längeneinheiten umrechnen

Beim Umwandeln in eine **größere Maßeinheit** wird die **Maßzahl kleiner**. Beim Umwandeln in eine **kleinere Maßeinheit** wird die **Maßzahl größer**. Also musst du bei Längen jeweils

eine Null streichen (Ausnahme: von m nach km drei Nullen) oder das Komma um **eine Stelle** nach links verschieben

←

km   m   dm   cm   mm

→

eine Null hinzufügen (Ausnahme: von km nach m drei Nullen) oder das Komma um **eine Stelle** nach rechts verschieben

Beispiele:

1) Schreibe in der nächstgrößeren Einheit.
   a) 50 cm = 5 dm — Das Umwandeln in die nächstgrößere Einheit bedeutet, hier musst du eine Null streichen.
   b) 20 000 m = 20 km — Achtung: Jetzt musst du drei Nullen streichen.

2) Schreibe in der nächstkleineren Einheit.
   a) 72 m = 720 dm — Das Umwandeln in die nächstkleinere Einheit bedeutet, hier musst du eine Null anhängen.
   b) 6 km = 6000 m — Achtung: Jetzt musst du drei Nullen anhängen.

3) Schreibe in der angegebenen Einheit.
   a) 37 m (cm)
      37 m = 3700 cm — Kleinere Maßeinheit, also zwei Nullen anhängen.
   b) 30 000 dm (km)
      30 000 dm = 3 km — Größere Maßeinheit, also vier Nullen streichen.

4) Längenangaben in Kommaschreibweise.
   Schreibe die Längenangaben in m.
   a) 487 cm = 4,87 m — Größere Maßeinheit, also Komma um zwei Stellen nach links.
   b) 63 mm = 0,063 m — Größere Maßeinheit, also Komma um drei Stellen nach links; **Lücken musst du mit Nullen auffüllen.**
   c) 2,9 km = 2900 m — Kleinere Maßeinheit, also Komma um drei Stellen nach rechts.

Tipp
Schreibe dir bei solchen Umwandlungsaufgaben immer die Übersicht über die Längeneinheiten auf!

Wenn du dir das Umwandeln besser vorstellen willst, kannst du auch eine Einheitentafel verwenden.

km	m			dm	cm	mm
	H	Z	E			
			4	8	7	
			0	0	6	3
2	9	0	0			

Trage die Zahlen so ein, dass die letzte Ziffer im Feld der Einheit steht.
Denke daran, **Lücken mit Nullen aufzufüllen**.

1

Schreibe in der nächstgrößeren Einheit.

a) 10 cm	b) 20 mm	c) 900 dm	d) 70 mm
e) 1000 m	f) 500 cm	g) 80 dm	h) 140 000 m

2

Schreibe in der nächstgrößeren Einheit.

a) 1 cm	b) 99 mm	c) 85 dm	d) 79 mm
e) 4519 m	f) 675 cm	g) 56 dm	h) 799 m

3

Schreibe in der nächstgrößeren Einheit.

a) 6,4 cm	b) 41,7 mm	c) 193,2 dm	d) 53,6 mm
e) 526,3 m	f) 10,3 cm	g) 0,12 dm	h) 49,02 m

4

Schreibe in der nächstkleineren Einheit.

a) 3 m	b) 77 cm	c) 90 dm	d) 99 km
e) 33 cm	f) 8 m	g) 2 km	h) 1 dm

5

Schreibe in der nächstkleineren Einheit.

a) 6,1 m	b) 0,11 cm	c) 7,912 dm	d) 6,2301 km
e) 7,21 cm	f) 5,98 m	g) 6,77 km	h) 1,887 dm

6

Schreibe in der in Klammern angegebenen Einheit.

a) 2 km (m)	b) 300 cm (m)	c) 24 m (mm)	d) 5000 dm (mm)
e) 231 mm (m)	f) 42 cm (m)	g) 621 dm (m)	h) 1,75 km (m)
i) 2,3 m (cm)	j) 0,5 m (cm)	k) 5,5 km (m)	l) 107,5 cm (mm)

7

Wandle die Längenangaben so um, dass sinnvolle Angaben entstehen.

Länge: 33 500 mm

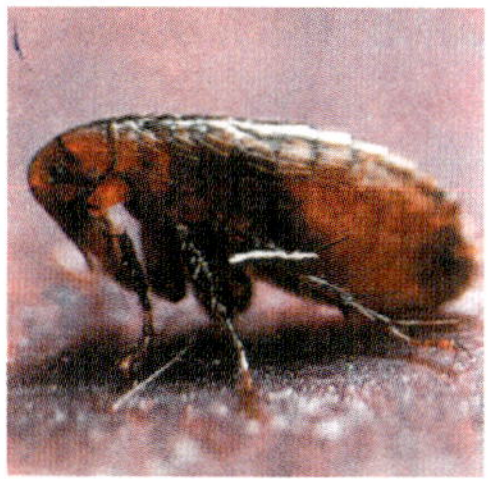

Länge: 0,0015 m

Höhe: 0,403 km

Länge: 0,65 m

8

Bei den Ergebnissen der Olympischen Spiele fehlen alle Maßeinheiten und Kommas. Ergänze sie.

a) Speerwerfen Frauen	7153
b) Stabhochsprung Männer	595
c) Dreisprung Männer	1779
d) Hammerwerfen	8291

9

Sind die Aufgaben richtig oder falsch?	richtig	falsch
a) 5 m 4 cm = 5,4 dm	H	E
b) 2,5 km = 2 km 50 m	S	U
c) 42,2 dm = 4220 mm	L	T
d) 27,1 mm = 2,71 cm	E	O
e) 3 m 2 cm = 3,2 m	N	R

2.3 Gewichte

Früher wurden Waren nach Stückzahl oder ihrem Rauminhalt bemessen. Als das Wiegen begann, wurden als Vergleichseinheiten Getreidekörner oder Wasser genommen. Wie für Längen gibt es jedoch auch heute für Gewichte ein einheitliches System.

In diesem Abschnitt trainierst du
- den Umgang mit Gewichtseinheiten,
- das Umrechnen von Gewichtseinheiten.

Übersicht über die Gewichtseinheiten

1 t = 1000 kg

1 kg = 1000 g

1 g = 1000 mg

1 mg

Umrechnungszahl: 1000

So kannst du Gewichtseinheiten umrechnen

Beim Umwandeln in eine **größere Maßeinheit** wird die **Maßzahl kleiner**.
Beim Umwandeln in eine **kleinere Maßeinheit** wird die **Maßzahl größer**.
Also musst du bei Gewichten jeweils

drei Nullen streichen
oder das Komma um **drei Stellen** nach links verschieben

←

t kg g mg

→

drei Nullen hinzufügen
oder das Komma um **drei Stellen** nach rechts verschieben

Beispiele:

1) Schreibe in der nächstgrößeren Einheit.
   a) 5000 g = 5 kg
   b) 23 000 mg = 23 g

   Das Umwandeln in die nächstgrößere Einheit bedeutet, hier musst du drei Nullen streichen.

2) Schreibe in der nächstkleineren Einheit.
   a) 4 t = 4000 kg
   b) 32 kg = 32 000 g

   Das Umwandeln in die nächstkleinere Einheit bedeutet, hier musst du drei Nullen anhängen.

3) Schreibe in der angegebenen Einheit.
   a) 2 t (g)
      2 t = 2 000 000 g
      Kleinere Maßeinheit, sechs Nullen anhängen.
   b) 31 000 000 mg (kg)
      31 000 000 mg = 31 kg
      Größere Maßeinheit, sechs Nullen streichen.

4) Gewichtsangaben in Kommaschreibweise
   Schreibe die Gewichtsangaben in kg.
   a) 487 g = 0,487 kg
      Größere Maßeinheit, also Komma um drei Stellen nach links.
   b) 63 mg = 0,063 g
      Größere Maßeinheit, also Komma um drei Stellen nach links; **Lücken musst du mit Nullen auffüllen**.
   c) 2,9 t = 2900 kg
      Kleinere Maßeinheit, also Komma um drei Stellen nach rechts.

Wenn du dir das Umwandeln besser vorstellen willst, kannst du auch bei den Gewichten wieder eine **Einheitentafel** verwenden.

t			kg			g			mg		
H	Z	E	H	Z	E	H	Z	E	H	Z	E
					0	4	8	7			
								0	0	6	3
		2	9	0	0						

Tipp
Schreibe dir bei solchen Umwandlungsaufgaben immer die Übersicht über die Gewichtseinheiten auf!

1

Schreibe in der nächstgrößeren Einheit.

a) 10 000 g	b) 2000 mg	c) 23 000 kg	d) 4000 g
e) 245 kg	f) 65 mg	g) 97,9 kg	h) 8,3 g

2

Schreibe in der nächstgrößeren Einheit.

a) 22 g	b) 312 kg	c) 3 mg	d) 5265 kg
e) 12 950 mg	f) 531 kg	g) 91 mg	h) 48248 g

3

Schreibe in der nächstgrößeren Einheit.

a) 62,4 g	b) 23 411,7 mg	c) 193,2 kg	d) 53,06 mg
e) 7,4 kg	f) 10,3 g	g) 0,12 mg	h) 9849,2 kg

4

Schreibe in der nächstkleineren Einheit.

a) 2 g	b) 12 kg	c) 430 t	d) 9 kg
e) 54 t	f) 401 g	g) 32 kg	h) 6 t

5

Schreibe in der nächstkleineren Einheit.

a) 1,5 g	b) 4,5 kg	c) 12,6 t	d) 7,201 kg
e) 0,451 t	f) 0,5 g	g) 23,9 kg	h) 0,02 t

6

Schreibe in der in Klammern angegebenen Einheit.

a) 2 kg (mg)	b) 3 000 000 mg (kg)	c) 24 g (mg)
d) 65 kg (mg)	e) 6780 g (t)	f) 0,07 g (mg)

7

Wandle die Gewichtsangaben so um, dass sinnvolle Angaben entstehen.

Gewicht: 200 000 kg

Gewicht: 0,00574 kg

Gewicht: 8 500 000 mg

Gewicht: 0,0045 t

8

Bei den Gewichten der Tiere fehlen alle Maßeinheiten und Kommas. Ergänze sie.

a) Elefant	12240
b) Hausmaus	25
c) Seeadler	85
d) Pony	1200

9

Sind die Aufgaben richtig oder falsch?

	richtig	falsch
a) 4 kg 20 g = 4,2 kg	K	G
b) 2,5 g = 2 g 500 mg	A	I
c) 32,02 kg = 3202 g	L	U
d) 5,7 t = 5700 kg	S	O
e) 3 kg 300 mg = 3300 g	E	S

2.4 Zeiten

Auch für Zeiten gibt es ein einheitliches System, jedoch ist das Umrechnen von Zeiteinheiten eher ungewöhnlich, da es keine gemeinsame Umrechnungszahl gibt.

Auf der nächsten Seite übst du
- den Umgang mit Zeiteinheiten,
- das Umrechnen von Zeiteinheiten.

Übersicht über die Zeiteinheiten

Die grundlegende Zeiteinheit ist eine **Sekunde**. Von ihr leiten sich unmittelbar **Minute**, **Stunde**, **Tag** und **Woche** ab. **Monat** und **Jahr** sind abhängig vom Kalender und tauchen deshalb in dieser Übersicht nicht auf. Solltest du dennoch mit Monaten und Jahren rechnen müssen, nimmst du für einen Monat 30 Tage und für ein Jahr 365 Tage.

d kommt von lat. dies = Tag, h steht für lat. hora = Stunde

1 d = 24 h
1 h = 60 min
1 min = 60 s

So kannst du Zeiteinheiten umrechnen

Auch beim Berechnen von Zeitdauern gilt:
Beim Umwandeln einer Zeiteinheit in eine **größere Maßeinheit** wird die **Maßzahl kleiner**.
Beim Umwandeln einer Zeiteinheit in eine **kleinere Maßeinheit** wird die **Maßzahl größer**.

Beispiele:

a) Wie viele Sekunden hat ein Tag?
Lösung: 1 d = 24 h = 24 · 60 min = 24 · 60 · 60 s = 86 400 s

b) Benni gibt an: „Gestern habe ich 1500 min Computer gespielt!“
Lösung: 1500 min = 1500 : 60 h = 25 h
Benni hat also offensichtlich geschwindelt.

c) Chrisis Flugzeug fliegt um 17.05 Uhr ab. Jetzt ist es 14.20 Uhr. Wie viel Zeit hat sie noch?
Lösung:
14.20 Uhr $\xrightarrow{+\,40\,\text{min}}$ 15.00 Uhr $\xrightarrow{+\,2\,\text{h}\,5\,\text{min}}$ 17.05 Uhr
Chrisi hat noch 2 h 45 min Zeit.

1

Schreibe in der in Klammern angegebenen Einheit.

a) 23 min (s)	b) 15 h (min)	c) 3 d (h)
d) 720 s (min)	e) 168 h (d)	f) 3 h (s)

2

Es ist 58 h = 2 d 10 h. Schreibe entsprechend.

a) 160 min	b) 235 s	c) 100 h
d) 60 h	e) 325 min	f) 145 s

3

Wie lange ist es von

a) 7.40 Uhr bis 12.55 Uhr?
b) 21.27 Uhr bis 5.15 Uhr?
c) 6.17 Uhr bis 18.05 Uhr?

4

Wie lange dauert der Aufenthalt im Schullandheim?

Abfahrt:
Montag, 7.55 Uhr

Rückkehr:
Freitag, 16.35 Uhr

5

Ist es in Frankfurt 10.30 Uhr, dann ist es in New York 4.30 Uhr.
Laut Ticket startet ein Flugzeug in Frankfurt um 10 Uhr Ortszeit und landet in New York um 12.45 Uhr Ortszeit.
Wie lange dauert der Flug Frankfurt – New York?

2.5 Rechnen mit Größen

In den letzten Unterkapiteln konntest du trainieren, wie du Größen umwandeln und Situationen mit Größen beschreiben kannst. Jetzt ist es an der Zeit, dass du übst, wie du mit Größen rechnen kannst.

Hier trainierst du
- Größen zu vergleichen,
- mit Größen zu rechnen,
- einfache Textaufgaben mit Größen zu lösen.

Wie rechnet man mit Größen?

Wenn Größen in verschiedenen Maßeinheiten gegeben sind, ist es sinnvoll, wenn du sie vor dem Vergleichen oder Rechnen **in dieselbe Maßeinheit** umwandelst.

Beispiele:

a) Zusammen mit dem Nashorn konkurriert das Nilpferd um den Rang als zweitgrößtes Landtier nach dem Elefanten. Vergleiche.

Länge:	4 m 2 dm = 4,2 m	4,5 m
Schulterhöhe:	2 m	15 dm = 1,5 m
Gewicht:	2200 kg = 2,2 t	4,5 t

Das Nilpferd ist länger und schwerer als das Nashorn, nur bei der Schulterhöhe liegt das Nashorn vor dem Nilpferd.

b) Berechne 58 dm 3 cm + 240 mm.

1. Schreibe in der gleichen Maßeinheit.	58 dm 3 cm + 240 mm
	= 583 cm + 24 cm
2. Berechne.	= 607 cm

c) Eine Stadionrunde ist 0,4 km lang. Lukas läuft acht Runden. Wie viele km sind das?

Lösung: 0,4 km · 8 = 400 m · 8 = 3200 m = 3,2 km.

1

Ordne der Größe nach und du erhältst ein Lösungswort.

a)

T	S	N	E	R
40 400 mm	0,04 km	440 m	4400 cm	444 dm

b)

E	M	I	H	L	M
8070 kg	0,87 t	87 000 g	80 700 000 mg	8787 kg	870 870 g

c)

S	O	E	N	N
2 h 1 min	21 000 s	21 d	2100 min	21 h

2

Berechne.

a) 25 m − 100 cm
b) 0,05 t + 273 kg + 42 000 g
c) 32 dm + 63 cm + 1,5 m + 330 mm
d) 23 h 5 min + 6 h 38 min

3

Bisher gelang es nur sehr wenigen Menschen, alle 14 Achttausender zu besteigen. Wie viele km ist man insgesamt hochgestiegen, wenn man alle Achttausender bezwungen hat?

Mount Everest	8,85 km
K2	8611 m
Kanchenjunga	8586 m
Lhotse	8,516 km
Makalu	8463 m
Cho Oyu	8,201 km
Dhaulagiri	8167 m

Manaslu	8,163 km
Nanga Parbat	8125 m
Annapurna	8,091 km
Hidden Peak	8068 m
Broad Peak	8047 m
Shisha Pangma	8,056 km
Gasherbrum II	8,035 km

4

Daniel und seine 2 Freunde machen sich einen Spaß. Daniel stellt sich auf die Waage und wiegt 47 kg. Als sich Marcel zu ihm auf die Waage stellt, zeigt diese nun 89 kg. Als Daniel von der Waage steigt, stellt sich Tony zu Marcel. Die Waage zeigt jetzt 97 kg. Wie schwer ist jeder der drei Jungen?

1

Schreibe in der nächstgrößeren Einheit.

Punkte: max. 4

a) 40 cm b) 360 min c) 2000 mg d) 480 s
e) 600 m f) 67 g g) 35 dm h) 168 h

2

Schreibe in der nächstkleineren Einheit.

Punkte: max. 4

a) 6 kg b) 45 cm c) 23 min d) 2 km
e) 75,5 dm f) 2,25 kg g) 7,34 m h) 1,05 g

3

Schreibe in der in Klammern angegebenen Einheit.

Punkte: max. 4

a) 6 d (h) b) 6,5 m (cm) c) 0,55 t (kg) d) 4 h 32 min (min)
e) 0,2 m (mm) f) 807 mm (dm) g) 998 g (kg) h) 708 mm (dm)

4

Ordne die Tiere nach ihrem Gewicht, von leicht bis schwer.

Punkte: max. 3

Gorilla: 275 kg Löwe: 0,225 t Schaf: 120 000 g

5

Punkte: max. 2

a) Die längste Stadiondistanz, die Männer laufen, sind 10 000 m. Wie viele Stadionrunden (400 m) sind das?
b) Die längste Distanz, die Frauen im Schwimmbad schwimmen, sind 800 m. Wie viele 25-m-Bahnen sind das?

6

Punkte: max. 4

Ein LKW mit 7,5 t hat ein Leergewicht von 2,975 t. Er hat bereits Behälter mit einem Gewicht von 2,05 t, 560 kg und 1230 kg geladen. Wie viel darf noch zugeladen werden, damit die 7,5 t nicht überschritten werden?

7

Punkte: max. 3

Kimberley und ihre Freundinnen wollen einen Kino-Nachmittag machen. Wie lange dauern die drei Filme?

KINOVORSCHAU
DEMNÄCHST IN DIESEM KINO
Die 3 Freundinnen...1:53
Never give up..........2:05
Happy End...............1:37

Gesamtpunkte: max. 24

Aufgaben Nummer	erreichte Punktzahl von (...)	Lernerfolg	Lernabschnitt abhaken ✓
1 2 3	____ (4) ____ (4) ____ (4)	Das Umwandeln von Größen hat die meisten Punkte im Test zugewiesen bekommen. Wenn du hier volle Punktzahl hast, kannst du dir gratulieren.	2.1 2.2 2.3 2.4
4	____ (3)	Wenn du in Aufgabe 4 die volle Punktzahl hast, beherrschst du das Ordnen von Größen.	2.5
5	____ (2)	Hier konntest du zeigen, ob du Größen multiplizieren kannst.	2.5
6	____ (4)	Wenn du die volle Punktzahl hast, dann kannst du sicher mit Gewichten rechnen.	2.5
7	____ (3)	Das Kapitel „Rechnen mit Größen" kannst du abhaken, wenn du auch hier die volle Punktzahl erhalten hast.	2.5

19 – 24 Punkte	13 – 18 Punkte	0 – 12 Punkte
Prima, du hast dieses Kapitel gut verstanden! Nun kannst du beim nächsten Kapitel weiter machen.	Das klappt ja schon recht ordentlich! Du hast einiges dazugelernt, aber es könnte auch besser sein. Wiederhole die Abschnitte noch einmal, die in deiner Checkliste nicht abgehakt sind.	Es gibt bei dir noch viele Unsicherheiten. Du musst noch mehr üben! Wiederhole die Abschnitte noch einmal, die in deiner Checkliste nicht abgehakt sind.

3 Ganze Zahlen

3.1 Vergleichen und Anordnen

Aus vielen Bereichen kennst du positive und negative Zahlen, z. B. Guthaben und Schulden auf der Bank, Höhenangaben von Bergen und Tiefenangaben im Meer auf Landkarten, Temperaturangaben über und unter dem Gefrierpunkt 0° Celsius.

In diesem Unterkapitel lernst du
- ganze Zahlen und ihren Betrag kennen,
- diese zu vergleichen und anzuordnen.

Was sind ganze Zahlen?

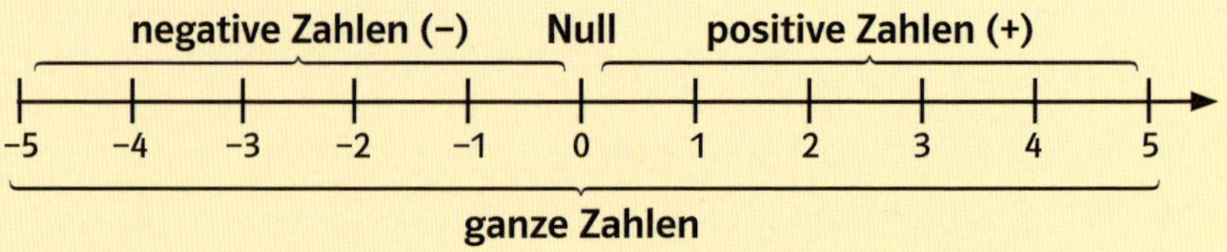

Die Menge der Zahlen {0, 1, 2, 3, …} heißt **natürliche Zahlen** ℕ.
Die Menge der Zahlen {…, –3, –2, –1, 0, 1, 2, 3, …} besteht also aus der Null mit den positiven Zahlen und den negativen Zahlen. Diese Zahlen heißen **ganze Zahlen** ℤ.
Das + bei den positiven Zahlen und das – bei den negativen Zahlen heißen **Vorzeichen der Zahl**. Die Zahl 0 hat kein Vorzeichen. Bei positiven Zahlen kann man das Vorzeichen weglassen: +7 = 7.

Anordnung – welche Zahl ist größer?

Die Zahl, die auf der Zahlengeraden weiter rechts liegt, ist die größere.

Beispiel:

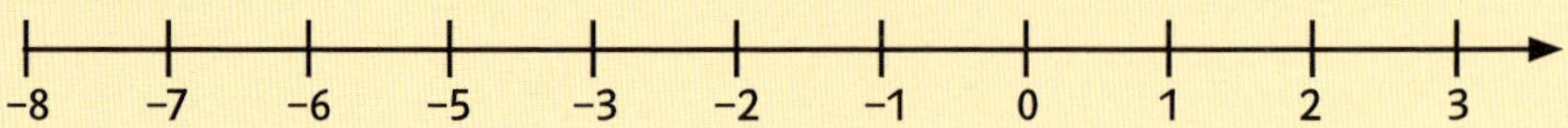

–7 liegt links von –5, ist also kleiner als –5: $-7 < -5$
2 liegt rechts von –5 ist also größer als –5: $+2 > -5$

Betrag

Den Abstand einer ganzen Zahl zur Null nennt man ihren **Betrag**, der Betrag ist also immer eine **positive Zahl**.
Schreibweise: |−5| = 5: der Betrag von −5 ist 5.
Zwei Zahlen mit dem gleichen Betrag heißen **Gegenzahlen**. Die Gegenzahl zu einer Zahl liegt auf der Zahlengeraden also spiegelbildlich zur Null.

Beispiele:
−5 und +5 haben den gleichen Betrag: 5.
−5 und +5 sind Gegenzahlen.
0 hat den Betrag 0 und keine Gegenzahl.

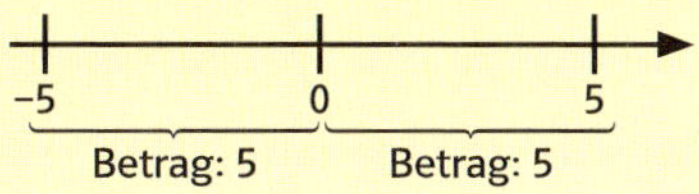

1

Setze < oder > für ☐ ein.

a) −5 ☐ −9 b) −15 ☐ −9 c) 0 ☐ −2 d) +17 ☐ −1

2

Ordne von der kleinsten bis zur größten Zahl.

+35 0 −7 +105 +11 −25 +28 −24 −12

3

Welche Zahlen sind auf der Zahlengeraden rot markiert?

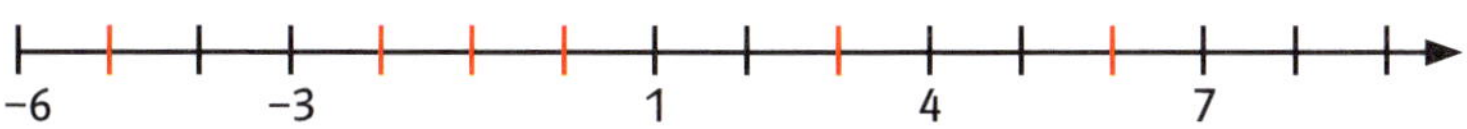

4

Was haben die Zahlen −121 und +121 gemeinsam?

5

Setze für ☐ eine passende Zahl ein.

a) −5 < ☐ < +1 b) −2 < ☐ < 0 c) −15 < ☐ < −11

Hier kann es mehrere Lösungen geben!

6

Male das Feld mit der kleineren Zahl schwarz, das mit der größeren Zahl rot aus.

−2; −7 0; 10 −15; −16 28; −30 13; −20
−24; 10 5; 8 −5; −8 2; −4 −25; 4 −6; 12
−12; −29 11; −21 −12; −17

Die Felder ohne Zahl malst du auch rot aus.

−4		11	10	−30
−16	−15		5	
−21		−8	−12	
−17	−7	10	28	−2
−25	12	−24	4	13
−6	−5		0	−12
−29	2		8	−20

7

Betrachte die Zahlengerade. Sind die Aussagen richtig oder falsch?

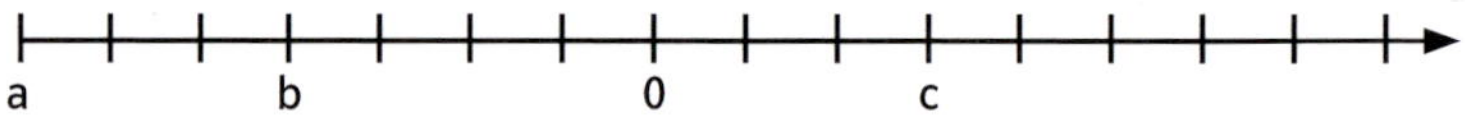

a) $a < b$ b) $|a| < b$ c) $c > a$ d) $|a| > |c|$

8

Wie viele ganze Zahlen liegen zwischen

a) +7 und +12? b) −15 und −7? c) −13 und +7?

9

Gibt es eine zweistellige Zahl, die kleiner als −10 ist?

10

Sind die folgenden Sätze wahr, falsch oder nicht entscheidbar? Begründe kurz.

a) Alle Zahlen der Menge $\mathbb{Z}$ haben einen positiven Betrag.
b) Eine natürliche Zahl ist immer größer als eine negative Zahl.
c) Zu jeder ganzen Zahl gibt es immer eine Zahl mit kleinerem Betrag.

3.2 Addieren und Subtrahieren

Von einem Girokonto werden täglich Geldbeträge ein- und ausbezahlt. Auf dem Kontoauszug geschieht dies durch Addition von positiven und negativen Zahlen.

In diesem Abschnitt lernst du ganze Zahlen zu addieren und zu subtrahieren.

Addition und Subtraktion einer positiven Zahl

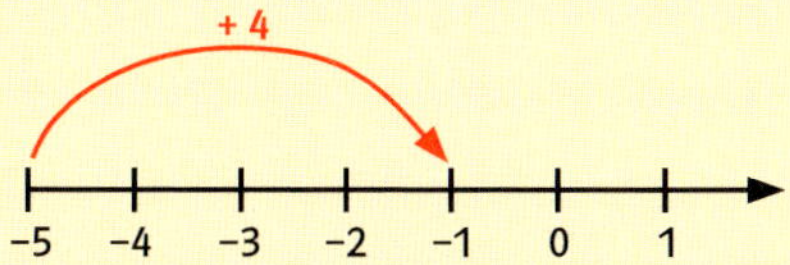

$-5 + 4 = -1$

Eine positive Zahl **addiert** man, indem man auf dem Zahlenstrahl nach **rechts** geht.

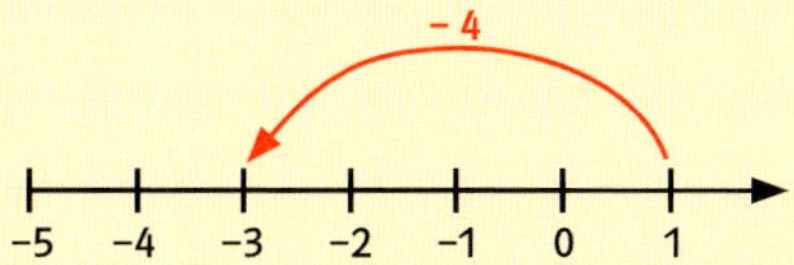

$1 - 4 = -3$

Eine positive Zahl **subtrahiert** man, indem man auf dem Zahlenstrahl nach **links** geht .

Beispiele:

$-2 + (+10) = 8$ $-10 + (+6) = -4$ $5 + (-5) = 0$ $7 + (-9) = -2$

Addition und Subtraktion einer negativen Zahl

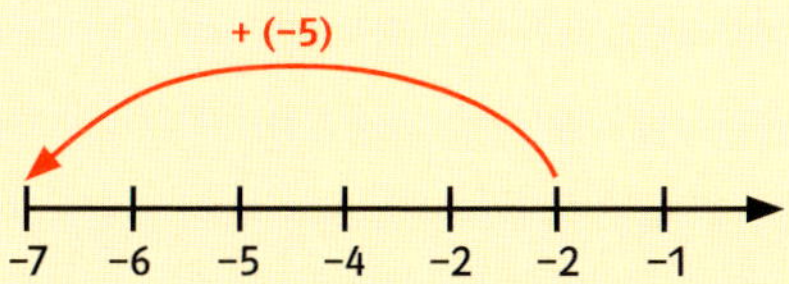

$-2 + (-5) = -7$

Eine negative Zahl **addiert** man, indem man auf dem Zahlenstrahl nach **links** geht.

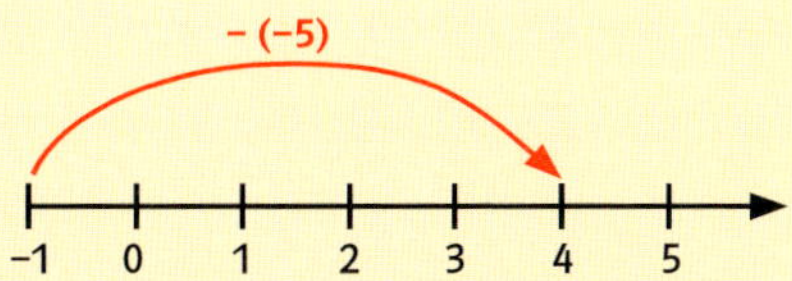

$-1 - (-5) = +4$

Eine negative Zahl **subtrahiert** man, indem man auf dem Zahlenstrahl nach **rechts** geht.

Beispiele:

$-3 + (-5) = -8$ $+6 + (-10) = -4$ $-2 - (-7) = +5$

$+1 - (-10) = +11$ $-11 + (+11) = 0$

Vereinfachte Schreibweisen

Statt +5 + (+6) = +11 kannst du 5 + 6 = 11 schreiben.
Statt +5 + (−6) = −1 kannst du 5 − 6 = −1 schreiben.
Statt +5 − (+6) = −1 kannst du 5 − 6 = −1 schreiben.
Statt +5 − (−6) = +11 kannst du 5 + 6 = 11 schreiben.

1

Ergänze die Pfeilspitzen und die fehlenden Zahlen.

a) 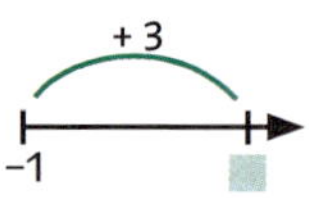

b) 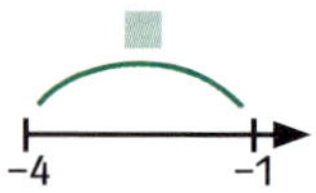

c) 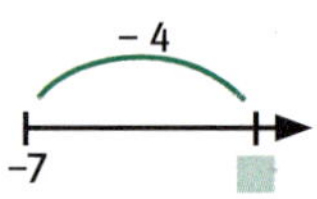

d) 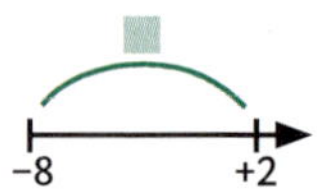

2

Berechne.

a) −35 + (+28) b) +14 − (+19) c) −20 + (−35) d) −7 − (−12)

3

Setze für □ eine passende Zahl ein.

a) −25 + □ = −30 b) −15 + □ = −5 c) +16 + □ = +11
d) +4 − □ = +12 e) □ − (+8) = +17 f) □ + (−21) = −4
g) □ − (−30) = +18 h) □ − (−25) = □

4

Fülle die folgenden Tabellen aus.

a)

	+	+25		−85
Startzahl	−14	+11		
	+48		0	
				−33

b)

	−	−41	+15	
Startzahl	−24		−39	
	−5			+12
			+21	

5

Sind die folgenden Sätze wahr, falsch oder nicht entscheidbar? Begründe.

a) Die Summe von zwei ganzen Zahlen kann positiv oder negativ sein.
b) Die Summe von zwei ganzen Zahlen ist größer als der erste Summand.
c) Wenn du eine negative Zahle addierst, erhältst du dasselbe Ergebnis, wie wenn du ihre Gegenzahl subtrahierst.
d) Die Summe von zwei ganzen Zahlen ist immer größer als 2.

Verbindung von Addition und Subtraktion

Einen Rechenausdruck ohne Klammern berechnest du, indem du von links nach rechts rechnest: $-25 + 19 - 5 = -6 - 5 = -11$
Einen Rechenausdruck mit Klammern berechnest du, indem du zuerst die Klammern berechnest: $17 - (5 - 35) = 17 - (-30) = 17 + 30 = 47$

Achtung
Beachte die Vorfahrtsregel: Klammer zuerst!

6

Berechne.

a) $65 + 51 - 36$
b) $-21 - 47 + 68$
c) $-22 + 33 - 55$
d) $51 + (12 - 25)$
e) $29 - (-4 - 15)$
f) $(-7 + 26) + (8 - 30)$

7

Schreibe zuerst einen Rechenausdruck und berechne dann.

a) Addiere die Summe aus 17 und −24 zur Summe aus −15 und −5.
b) Subtrahiere die Differenz 25 − 100 von der Summe aus −75 und +25.
c) Addiere die Differenz 78 − 90 zur Differenz 31 − 16.
d) Subtrahiere die Summe aus 14 und −50 von der Differenz 56 − 25.

8

Karl und Anna haben die folgenden Aufgaben gerechnet. Kontrolliere, ob die Rechnungen richtig sind. Wenn du Fehler findest, verbessere sie.

a) $(25 - 65) + 48 = -40 + 48 = 8$
b) $(58 - 35) + (-25 + 55) = -23 + 30 = 7$
c) $48 - (21 - 72) = 48 - 51 = -3$
d) $25 - 45 + 26 - 38 = -20 + 26 = 6 - 38 = -32$

9

Gib zwei beliebige ganze Zahlen an,

a) deren Summe −5 ergibt.
b) deren Differenz −10 ergibt.

10

Die Summe aller Zahlen, die auf einer Linie liegen, ist immer gleich. Ergänze die fehlenden Zahlen.

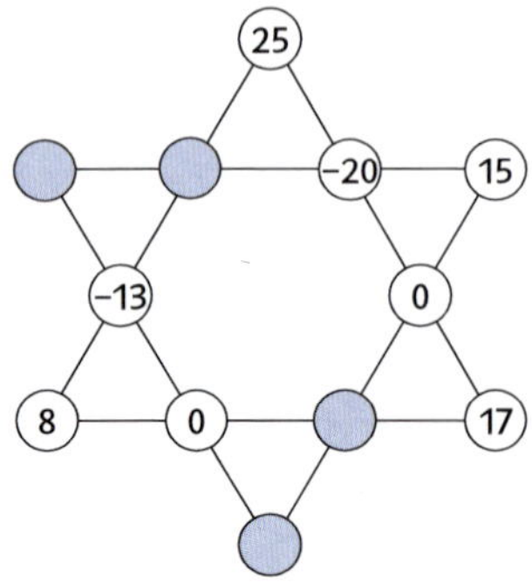

11

Magisches Häuschen:
Im Dach des Häuschens steht, welche Summe sich in allen Reihen, Spalten und Diagonalen ergeben muss.

?

			2
14	8	−4	−22
−1			
11		10	11

12

Bilde aus den Ziffern 3, 4, 7, 8 und 0 zwei beliebige fünfstellige Zahlen. Addiere und subtrahiere die beiden Zahlen. Wie musst du die Zahlen wählen, um das kleinste Ergebnis zu erhalten?

13

Falls du nicht mit dem Taschenrechner rechnen kannst: Der Umgang mit dem Taschenrechner wird im Abschnitt 3.6 erklärt.

Berechne mit dem Taschenrechner

Waagerecht:
1) 88 + 1890
4) 78 − (99 − 54)
5) 1480 − 698 + 657
7) −638 + 783
9) 789 − (54 − 166)
11) 1 000 154 − 568 154
13) 16 − (−78 + 40)
14) 789 + (89 − 867)
15) 100 − (36 + 72 − 72)
17) 1 025 689 + 2 826 658

Senkrecht:
1) 174 − (117 − 44)
2) −2009 + 9162
3) |−56 + 23 − 51|
4) 8500 − 6900 − (−2300)
6) |−1001 − 4900 + 2000|
8) 111 − 333 + 666
10) 165 − (31 + 25)
12) 89 154 − 87 012
13) 389 − (845 − 999)
15) 87 + 35 − 57
16) 100 − (35 + 51)

14

Ergänze den Kontoauszug.

Alter Kontostand	**521,68 H**
Barabhebung	50,00 S
Dauerauftrag Sparen	75,00 S
Geschenk von Oma	
Neuer Kontostand	**431,68 H**

Auf einem Kontoauszug bedeutet 50 S = −50 und 50 H = +50.

15

Annes Klasse plant einen Aufenthalt im Schullandheim im bayerischen Altmühltal. In einer mehrtägigen Fahrradtour möchten sie die Gegend erkunden. Hier siehst du eine Tabelle mit den Entfernungen:

Mörnsheim – Dollnstein	6 km
Dollnstein – Eichstätt	21 km
Eichstätt – Walting	13 km
Walting – Kipfenberg	11 km
Kipfenberg – Kinding	5 km
Kinding – Beilngries	7 km
Beilngries – Dietfurt	12 km

Wie viele Kilometer muss jeder Schüler in Annas Klasse insgesamt treten? Auf wie viele Etappen würdest du die Tour einteilen?

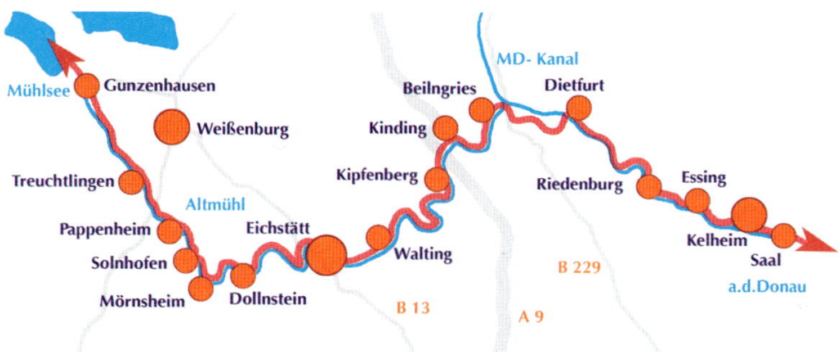

3.3 Multiplizieren und Dividieren

Du schuldest sieben Freunden jeweils 4 €. Wie hoch sind deine Gesamtschulden?

In diesem Unterkapitel wiederholst du ganze Zahlen zu multiplizieren und zu dividieren.

Regeln für die Multiplikation

Das Produkt aus zwei **positiven** Zahlen ist **positiv**.
Das Produkt aus zwei **negativen** Zahlen ist **positiv**.
Das Produkt aus einer **positiven** Zahl und einer **negativen** Zahl ist **negativ**.

·	+	−
+	+	−
−	−	+

Beispiele:

+5 · (+7) = +35
−6 · (−10) = +60
+15 · (−10) = −150
(−12) · (+5) = −60

Regeln für die Division

Der Quotient aus zwei **positiven** Zahlen ist **positiv**.
Der Quotient aus zwei **negativen** Zahlen ist **positiv**.
Der Quotient aus einer **positiven** Zahl und einer **negativen** Zahl ist **negativ**.

:	+	−
+	+	−
−	−	+

Beispiele:

+56 : (+8) = +7
−48 : (−12) = +4
+55 : (−11) = −5
−72 : (+9) = −8

Treffen · oder : direkt auf + oder −, muss eine **Klammer** gesetzt werden:

Beispiele:

2 · (−4) = −8
−2 : (−1) = +2

1

Welches Vorzeichen wird das Ergebnis der folgenden Rechnungen haben?

a) +5 · (+9)   b) (−110) · 6   c) −310 : (−71)   d) +15 · 0   e) 0 : 7

2

Berechne.

a) $(-110):10$ b) $+8\cdot(+9)$ c) $-65:(-13)$ d) $+15\cdot(-11)$ e) $0:72$

3

Setze für $\square$ eine passende Zahl ein.

a) $-16\cdot\square=+80$ b) $\square:(-12)=-7$ c) $\square\cdot 25=-125$ d) $-36:\square=9$

4

a) Mit welcher Zahl musst du +8 multiplizieren, um −24 zu erhalten?
b) Durch welche Zahl musst du −144 dividieren, um +48 zu erhalten?
c) Welche Zahl musst du durch −3 dividieren, damit das Ergebnis −24 lautet?

5

Fülle die Multiplikationspyramide aus.

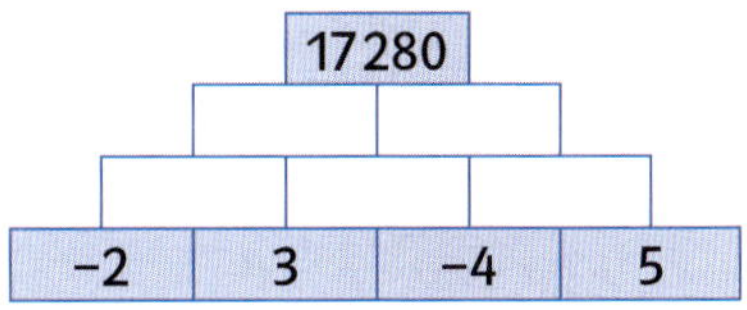

6

Gib zwei Zahlenpaare an, deren Produkt −64 ist.

7

Sind die folgenden Sätze wahr, falsch oder nicht entscheidbar?
Begründe kurz.

a) Das Produkt aus einer Zahl und ihrer Gegenzahl ist immer positiv.
b) Das Ergebnis einer Multiplikation von ganzen Zahlen ist immer größer als jeder der Faktoren.
c) Der Buchstabe x stehe für eine beliebige Zahl. Wenn ich diese durch Null dividiere, erhalte ich immer Null, also $x:0=0$.

8

Bilde aus den Ziffern 3, 4, 7, 8 eine dreistellige negative und eine einstellige positive Zahl. Verwende dabei jede Ziffer nur einmal. Multipliziere die beiden Zahlen. Welches ist das kleinste (größte) Produkt, das du erhalten kannst? Was ändert sich, wenn der zweite Faktor ein negatives Vorzeichen erhält?

9

Berechne mit dem Taschenrechner.

Waagerecht:
1) $81 \cdot 231$
6) $123\,456 : 10\,288$
8) $11\,282 \cdot 862 \cdot 4$
9) $299\,700 : (111 \cdot 9)$
10) 32^2
12) $1\,000\,000 \cdot 2 : (4 \cdot 10\,000)$
13) $2401 : 7 : 7$
14) $75\,067\,682\,672 : 3112$
15) $91 \cdot 11 \cdot (18 : 2)$
16) $(10\,010 \cdot 9) : 99$
17) $4096 : 64$

Senkrecht:
1) $11 \cdot 11 \cdot 11$
2) $880\,880 : 1001$
3) $86\,911 : 11$
4) $713\,850 : 71\,385$
5) $50\,551 \cdot (5000 : 25)$
6) $11 \cdot 12$
7) $154\,231 : 7 \cdot 12$
11) $123\,123 : 13$
12) 23^2
13) 64^2
14) 17^2

10

Ergänze die leeren Kästchen.

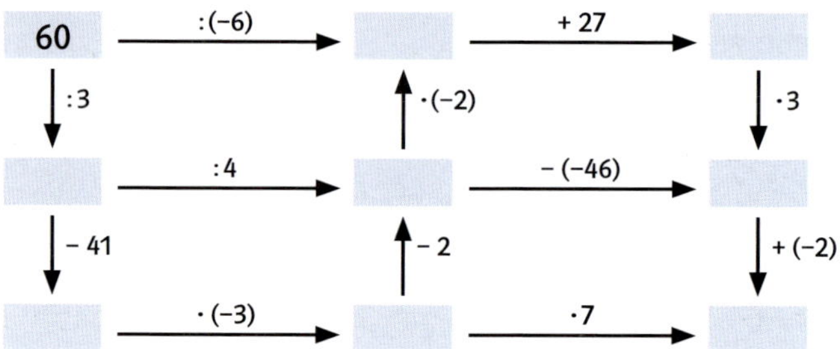

3.4 Verbindung der Rechenarten

An manchen Straßenkreuzungen gilt die Regel „rechts vor links", an anderen ist die Vorfahrt durch Verkehrszeichen geregelt. Solche „Verkehrsregeln" und „Verkehrszeichen" gibt es auch in der Mathematik.

In diesem Unterkapitel übst du
- alle vier Rechenarten vermischt zu benutzen,
- Rechenausdrücke mit Klammern zu berechnen.

Diese Regeln musst du beim Rechnen mit allen Rechenarten beachten

1. Wenn der Rechenausdruck keine Klammern enthält, gilt die Regel: **Punktrechnung** ($\cdot$ und :) **kommt vor Strichrechnung** (+ und –).

   Beispiele:
   $25 - 5 \cdot 3 = 25 - 15 = 10$
   $-30 + 20 : 4 - 1 = -30 + 5 - 1 = -26$

2. Wenn der Rechenausdruck **Klammern** enthält, werden diese **zuerst** ausgerechnet.

   Beispiele:
   $7 \cdot (13 - 23) = 7 \cdot (-10) = -70$
   $(19 + 41) : (-20) = 60 : (-20) = -3$

1

Berechne.

a) $(-12 - 4) \cdot 4$
b) $-8 \cdot (-23 + 9)$
c) $(-9 - 15) : (8 - 5) + 1$
d) $12 - 13 \cdot 121 + 13 \cdot 121$
e) $1023 : 1023 + 1$

2

Berechne mit dem Taschenrechner.

a) $421 + 6 \cdot (-15) - 48 \cdot 21 + 695 : (-5)$
b) $(95 + 31) \cdot (-18) + 24 : 8 + 15 \cdot (-17) + 125 \cdot 19$

3

Notiere einen Rechenausdruck und berechne diesen.

a) Multipliziere die Summe von −5 und 11 mit der Summe von −13 und −9.

b) Subtrahiere −4 von −11 und multipliziere das Ergebnis mit der Summe von 3 und −13.

c) Dividiere die Summe von −36 und −16 durch die Summe von −3 und 16.

4

Verwende jede der folgenden Zahlen 1, 2, 4, 4, 10, 100 höchstens einmal, um mithilfe der vier Grundrechenarten und eventuell Klammern die Zahl 337 in einem Term zu berechnen.

5

Man kann die Jahreszahl 2003 aus den Zahlen 1, 2, 3, 4, 5, 6, 7, 8 und 9 bilden, ohne eine der Zahlen auszulassen oder mehrfach zu verwenden:

$2003 = (9 + 5) \cdot (8 + 6 - 1) \cdot (7 + 4) + 3 - 2$.

Kannst du so eine Gleichung für das aktuelle Jahr aufstellen?

6

Stimmt das?

a) $(69 - 13 : 13 + 2) > (1024 - 48 : 2) : 50$ b) $0 \cdot 73 - 13 + (11 \cdot 12) < -12 \cdot (-12)$

7

Vervollständige den Rechenbaum.

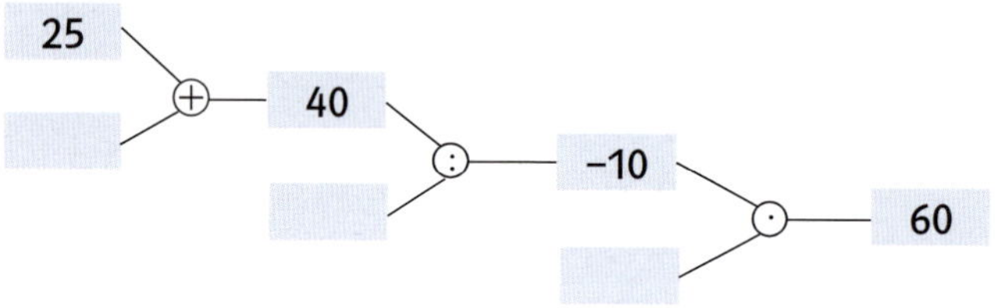

8

Erfinde selber einen Rechenbaum.

9

Kannst du Bärbels Rätsel lösen? „Ich denke mir eine Zahl aus. Diese Zahl dividiere ich erst durch fünf und addiere dann die Differenz von 110 und 98. Ich erhalte 37. Wie lautet meine Zahl?“

3.5 Das Koordinatensystem

Sicherlich hast du ein Gitternetz bzw. ein Koordinatensystem, wie man auch sagt, schon öfters gesehen. Es ist ähnlich wie beim Spiel „Schiffe versenken" – nur gibt man die Position eines Punktes (Schiffes) in beiden Richtungen mit Zahlen (und nicht mit Buchstaben) an.

In diesem Unterkapitel übst du
- Punkte in einem Koordinatensystem einzuzeichnen und ihre Koordinaten abzulesen,
- im Koordinatensystem Punkte zu spiegeln.

Ein **Koordinatensystem** besteht aus zwei Zahlenstrahlen mit gemeinsamer 0. Ein Zahlenstrahl zeigt nach rechts, er heißt **x-Achse**. Der andere zeigt nach oben, er heißt **y-Achse**. Beachte: Die Pfeile an den Spitzen zeigen nur nach rechts und nach oben, nicht aber nach links und nach unten.
Die zwei Koordinaten eines Punktes geben an, wie weit man von 0 aus in Richtung der x-Achse bzw. in Richtung der y-Achse gehen muss, um zu diesem Punkt zu gelangen.
Der Punkt A(2 | 3) wird so eingezeichnet: Um den ersten Wert, er heißt auch **x-Koordinate**, geht man nach rechts, um den zweiten Wert (die **y-Koordinate**) dann nach oben. Beim Punkt C(−2 | −3) geht man zuerst nach links und dann nach unten.

Der Punkt 0 (0|0) wird auch Ursprung genannt.

Beispiele:
1. Zeichne den Punkt B(−3 | 1) in das Koordinatensystem ein.
2. Welche Koordinaten haben die Punkte E und F?

Lösung:

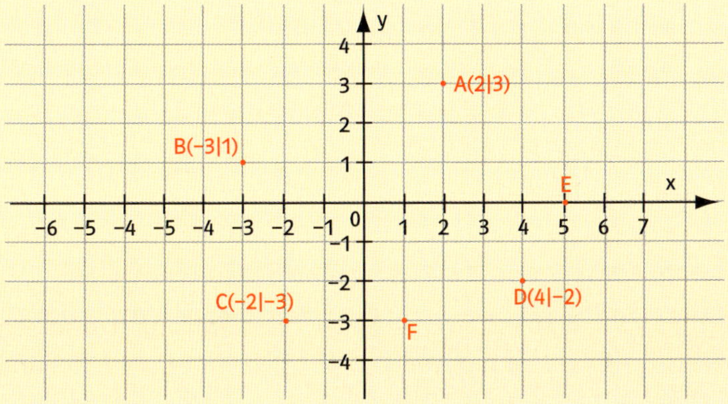

1. Das Ergebnis kannst du in der Zeichnung auf der vorherigen Seite ablesen: Man muss zuerst vom Ursprung aus 3 Einheiten nach links und dann 1 Einheit nach oben gehen.
2. Um zum Punkt E zu gelangen, geht man vom Ursprung zuerst 5 Einheiten nach rechts und dann 0 Einheiten nach oben, E hat also die Koordinaten E(5|0).
   Um zum Punkt F zu gelangen, geht man vom Ursprung zuerst 1 Einheit nach rechts und dann 3 Einheiten nach unten, F hat also die Koordinaten F(1|−3).

1

Laura schreibt ihrem Freund Max eine Geheimbotschaft:
(−1|0), (−5|−2), (3|2), (1|−2), (1|−2), (3|2), (0|3), (3|0), (0|3), (5|0), (2|−1), (−3|2), (−5|−2), (3|5), (3|2), (0|3), (2|−1), (−2|−1), (−1|0), (−1|0), (0|−2), (3|5).
Als Geheimcodeschlüssel legt sie folgende Zeichnung bei:

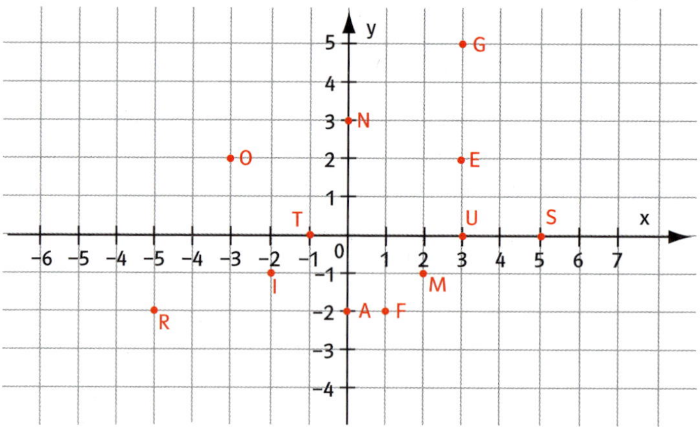

2

Zeichne folgende Punkte in das Koordinatensystem ein:
G(0|−7); H(1|4); I(−3|0); K(−4|2); L(2|−4); M(−6|−3).

3

Zeichne die Punkte P(−5|2) und Q(3|−3) in ein Koordinatensystem.

a) Wohin wandert der Punkt P, wenn du die x-Koordinate jeweils um 1 vergrößerst und die y-Koordinate unverändert lässt?

b) Wohin wandert der Punkt Q, wenn du die y-Koordinate jeweils um 1 verkleinerst und die x-Koordinate unverändert lässt?

4

a) Zeichne die Punkte A(−2 | −2); B(4 | 0) und C(3 | 3) in ein Koordinatensystem. Welcher Punkt D ergänzt die Figur zu einem Rechteck? Miss Länge und Breite des Rechtecks ab.

b) Zeichne die Punkte A(−4 | 0) und B(0 | −2) in ein Koordinatensystem. Zeichne zwei weitere Punkte C und D so ein, dass die Figur ein Quadrat ergibt. Wie viele Lösungsmöglichkeiten gibt es? Lies die Koordinaten von C und D ab.

5

Im Internet findet Tom diese Tabelle. Er will die Veränderung des Wasserstandes auf Sylt in einem Schaubild darstellen (Meeresniveau = Normalnull).

Zeit ab Beginn der Beobachtung in Std.	4,5	10	17	22,5	29,5	35	42	47,5	54,5	60
Wasserstand in Dezimeter	−6	9	−7	8	−7	9	−7	9	−7	9

a) Was bedeutet das Zahlenpaar (10 | 9)?

b) Tom möchte auf der x-Achse die Zeit auftragen und auf der y-Achse den Wasserstand. Dann will er die Zahlenpaare markieren und die Punkte verbinden. Kannst du das für ihn erledigen?

3.6 Der Taschenrechner

Irgendwann im 5. oder 6. Schuljahr wirst du in der Schule einen Taschenrechner (TR) benutzen dürfen. Um es gleich vorweg zu sagen: Kopfrechnen ist trotzdem (oder gerade deshalb) sehr wichtig, du wirst sehen, dass man immer überprüfen sollte, ob das Ergebnis des Taschenrechners richtig sein kann. Schnell hat man sich vertippt und manche Taschenrechner kennen nicht einmal die mathematischen Vorfahrtsregeln!

In diesem Kapitel lernst du
- wie du den Taschenrechner benutzt,
- wie du deine Ergebnisse überprüfen kannst.

Achte darauf, die Vorzeichentaste nicht mit den Rechenzeichen + und – zu verwechseln!

Taschenrechner wird oft mit TR abgekürzt.

Die wichtigsten Tasten auf einem Taschenrechner (jedes Modell sieht etwas anders aus) sind die Zifferntasten. Mit ihnen gibst du die Zahlen ein. Dann erkennst du rechts die Tasten für die Grundrechenarten und das Gleichheitszeichen.

Bei Dezimalzahlen verwendet man anstatt eines Kommas den Dezimalpunkt. Die +/– Taste benötigst du, um das Vorzeichen der Zahl einzugeben oder zu ändern (je nach TR-Modell verschieden). Mit den Klammertasten kann man Klammern setzen, je nach TR-Modell auch mehrere ineinander.

Mit der Taste CE (das steht für CLEAR ENTRY) löschst du die letzte Eingabe, mit der Taste C oder auch CLEAR die ganze Rechnung. Mit ON wird der TR eingeschaltet, ggf. mit OFF ausgeschaltet.

Mit STO (das heißt STORE) kann man eine Zahl speichern, mit RCL (das steht für RECALL) kann man diese Zahl wieder aufrufen. Beachte dazu bitte besonders die Anleitung zu deinem TR-Modell.

Viele Taschenrechner haben auch eine Taste, mit der du Brüche eingeben kannst. Informiere dich in der Anleitung deines Modells darüber.

Mach möglichst eine **Überschlagsrechnung**, mit der du überprüfen kannst, ob das Ergebnis, das der Taschenrechner anzeigt, stimmen kann. Runde dazu die Zahlen in der Rechnung so, dass du leicht im Kopf näherungsweise das Ergebnis ausrechnen kannst.

Beispiel:

1. So kannst du prüfen, ob dein Taschenrechner die „Vorfahrtsregeln" der Mathematik beherrscht:
   Tippe: $4 + 2 \times 6$ ein. Das richtige Ergebnis ist 16. Zeigt dein Taschenrechner 36 an, so kann er die Regel „Punkt vor Strich" nicht beachten und ist für den Gebrauch in der Schule nicht geeignet.
2. Kann die Rechnung $37 \times (125 - 39) + 465 = 2000$ stimmen? Nein, denn als Überschlag könntest du rechnen $40 \times 100 + 500 = 4500$, also muss das Ergebnis 2000 falsch sein.

1

Übe zunächst das richtige Eingeben von Rechnungen, indem du die folgenden Aufgaben mit dem TR nachrechnest. Versuche auch jeweils, eine geeignete Überschlagsrechnung zu finden.

a) $(4845 + 2178 \cdot 5) : 15 = 1049$

b) $325 \cdot (1275 - 879) - 35 \cdot 2079 = 55\,935$

c) $3{,}75 - 2{,}45 \cdot (25{,}87 - 36{,}2) + 8{,}5 : (-2{,}5) = 25{,}6585$

2

Mach zunächst eine Überschlagsrechnung und berechne dann mit dem TR. Vergleiche deine Ergebnisse.

a) $25 + 69 + 165 - 48 - (498 - 25 \cdot 35)$

b) $(-15) + (-25) + 56 \cdot 12 - (67 \cdot (-15))$

c) $4{,}7 + 2{,}75 : 2{,}5 - 0{,}28 \cdot 0{,}5 + 1{,}2 \cdot (-3{,}5)$

3

Hanna hat mit ihrem Taschenrechner die folgenden Aufgaben gerechnet. Prüfe ohne Verwendung des Taschenrechners, ob ihr Ergebnis stimmen kann.

a) $22 \cdot 4{,}9 = 170{,}8$

b) $3{,}6 \cdot 0{,}73 = 0{,}6228$

c) $5{,}5744 : 0{,}67 = 0{,}832$

d) $423 \cdot 0{,}95 = 401{,}85$

4

Berechne.

a) $(5379 \cdot 6425 - 2445 \cdot 8646) : 15 - 80 \cdot (157 + (-78))$

b) $[(1683 - (-342)) \cdot (1683 - 342)] : 225 - 225 \cdot 89$

5

Aufgabe	Lösung	Lösungsbuchstabe
$(655\,659 : 789) : (-3)$		
$(79 + 23 - 422) : 5$		
$(54 \cdot (-256)) : 64 + 16$		
$7 \cdot (-42) + (27 - 10)$		
$-(24 - 75) \cdot 13^2$		
$10\,000 : 50 - 400$		
-8^2		
$17^2 - 15^2$		
$(-2{,}5 \cdot 15 + 5{,}5) \cdot 3$		
$(-9000 \cdot (-150)) : (269 - (-1))$		

A	C	L	O	R	T	U
−64	−277	−200	−96	5000	64	8619

6

Mit dem TR kannst du auch schreiben. Tippe 7353 ein und drehe den TR um 180°, du kannst jetzt das Wort ESEL lesen. Die folgenden Aufgaben haben jeweils ein „Lösungswort“.

a) $115^2 \cdot 3 - (1500 - 142)$

b) $(495 : 5 + 24 \cdot 13) - 96$

c) $-405\,540 : (-45) - 91 \cdot 3$

1

Berechne die folgenden Rechenausdrücke ohne TR.

a) $35 - (-21 - 14)$
b) $-7 \cdot (56:8) + 50$
c) $65:(-13) + 5 \cdot 10$
d) $(36 + 74) \cdot (-3) - 3$

Punkte: max. 4

2

Ordne am Zahlenstrahl.

$(-8) \cdot (-7)$ $17 \cdot 3$ $98:7$ $51:17 - 14$ $(89 - 78):11 - 1$ $(-1)^3$

Punkte: max. 2

3

Kreuze die richtige(n) Antwort(en) an.

a) Rechenregeln

- ☐ In einem Rechenausdruck wird immer von links nach rechts gerechnet.
- ☐ Ohne die „Vorfahrtsregel" „Punkt vor Strich" könnte man viele Rechenausdrücke gar nicht lösen, da mehrere Ergebnisse möglich wären.
- ☐ Es gilt zwar „Punkt vor Strich", aber Klammern können diese Regel außer Kraft setzen.

Punkte: max. 1,5

b) Zahlenstrahl

- ☐ Addiert man zu einer Zahl eine 2. Zahl, die links von der ersten auf dem Zahlenstrahl liegt, so liegt das Ergebnis immer rechts von beiden Zahlen.
- ☐ Subtrahiert man von einer Zahl eine 2. Zahl, die rechts von der ersten auf dem Zahlenstrahl liegt, so ist das Ergebnis stets kleiner als Null.
- ☐ Das Quadrat einer Zahl ist immer so groß wie das Quadrat der Gegenzahl.

Punkte: max. 1,5

4

Zeichne folgende Punkte in ein Koordinatensystem ein und verbinde sie anschließend in alphabetischer Reihenfolge.

A(3 | 2); E erhältst du, wenn du A an der y-Achse spiegelst,
C(0 | 4); I erhältst bei Spiegelung von C am Ursprung,
G entsteht bei Spiegelung von E an der x-Achse; K bei Spiegelung von E am Ursprung B(1 | 2).
F(−2 | 0); L erhältst bei Spiegelung von F an der y-Achse,
H(−1 | −2), J entsteht bei Spiegelung von H an der y-Achse, D bei Spiegelung von H an der x-Achse

Punkte: max. 2

5

Monica und ihre Familie waren in den Bergen wandern. Das Höhenprofil ihrer Wanderung zeigt die untenstehende Grafik:

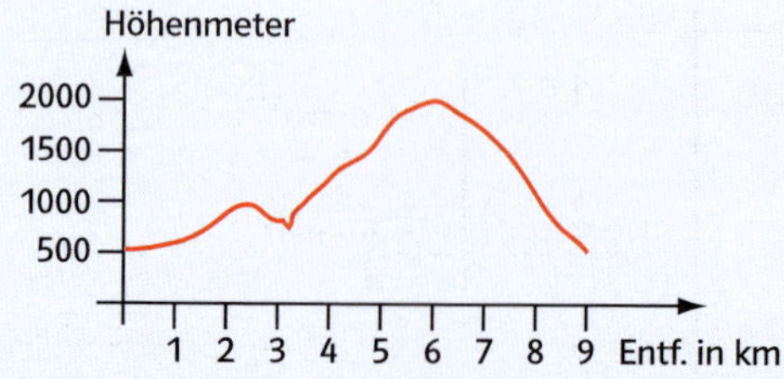

a) Wie viele Kilometer musste die Familie insgesamt bergauf wandern, wie viele bergab?

Punkte: max.2

b) Wie groß ist der Höhenunterschied zwischen der Hütte im Tal und dem Gipfelkreuz?

Punkte: max.1

c) Wie lange dauerte der Ausflug der Familie wohl ungefähr. Mach dazu geeignete Annahmen.

Punkte: max.2

6

Welche der folgenden Rechnungen sind richtig, welche falsch?

a) $654 - (21 - 67) + 70 \cdot 3$
$= 654 - (-46) + 70 \cdot 3$
$= 700 + 70 \cdot 3 = 770 \cdot 3 = 2310$

b) $-325 : 25 - 20 \cdot (-5)$
$= 13 - 100$
$= -87$

Punkte: max.2

7

a) 13 + 13 + 13 + 13 + … Wie viele Summanden braucht man, damit die Summe größer als 10 000 ist?

b) Welches ist die größte Zahl kleiner als 1000, die durch 17 teilbar ist?

Punkte: max.2

8

Kim möchte mit dem Rucksack verreisen. Er darf nur 6 kg wiegen. Was passt rein?

Kulturtasche: 1,5 kg
Pro T-Shirt: 200 g
Unterwäsche (pro 2er Pack): 100 g
Discman mit 2 CDs: 500 g
1 Paar Schuhe: 1 kg

Handtuch: 400 g
Pro Pullover: 800 g
Jeans: 600 g
Jedes Buch: 300 g

Punkte: max.2

9

Überprüfe mit dem Taschenrechner.

a) $(2\,000\,000 : (-589 + 39)) \cdot (-11) = -40\,000$

b) $45{,}1 - 68{,}5 \cdot 3 + 24{,}7 : 2 = -148{,}05$

Punkte: max.2

Gesamtpunkte: max.24

Aufgaben Nummer	erreichte Punktzahl von (...)	Lernerfolg	Lernabschnitt abhaken ✓
1 2	____ (4) ____ (2)	Wenn du volle Punktzahl hast, ist das ein Zeichen dafür, dass du die Grundrechenarten beherrscht.	3.2–3.4
3	____ (3)	Bei diesen Aufgaben konntest du zeigen, ob du mit dem Unterkaptitel „Vergleichen und Anordnen“ zurecht kommst.	3.1 3.4
4	____ (2)	Hast du alle Punkte richtig und auch den Stern sauber gezeichnet, kommst du mit dem Koordinatensystem zurecht.	3.5
5	____ (5)	Das ist die Frage mit den meisten Punkten. Hast du hier gut abgeschnitten, kannst du sehr zufrieden sein.	3.2–3.4
6 7	____ (2) ____ (2)	Hier wurde nochmals die Fähigkeit, alle Grundrechenarten zu kombinieren, geprüft. Bei voller Punktzahl kannst du Unterkapitel 3.4 abhaken.	3.2–3.4
8	____ (2)	Bei dieser Aufgabe gibt es mehrere Lösungen. Hast du die volle Punktzahl, zeigt das dein mathematisches Verständnis.	3.4
9	____ (2)	Mit diesen Aufgaben konntest du nochmals deine Fähigkeiten mit dem Taschenrechner überprüfen.	3.6

19 – 24 Punkte	13 – 18 Punkte	0 – 12 Punkte
Prima, du hast dieses Kapitel gut verstanden! Nun kannst du das nächsten Kapitel üben.	Das klappt ja schon recht ordentlich! Du hast einiges dazugelernt, aber es könnte auch besser sein. Wiederhole die Abschnitte noch einmal, die in deiner Checkliste nicht abgehakt sind.	Es gibt bei dir noch viele Unsicherheiten. Du musst noch mehr üben! Wiederhole die Abschnitte noch einmal, die in deiner Checkliste nicht abgehakt sind.

4 Abbildungen und Symmetrie

4.1 Senkrechte und parallele Geraden und Strecken

Wie oft hast du schon gehört, dass Geraden parallel oder eben nicht parallel sind, dass alles im Lot ist, …

In diesem Kapitelteil wiederholst du
- was man in der Mathematik als Geraden und Strecken bezeichnet,
- was man unter den Begriffen senkrecht (orthogonal) und parallel versteht,
- was waagrecht, lotrecht, horizontal, vertikal bedeutet.

Viele Begriffe – einfache Bedeutungen

Geraden sind unbegrenzt lange gerade Linien. Sie werden mit g, h, k usw. bezeichnet.
Strecken sind gerade Linien, die durch zwei Punkte begrenzt werden.

Beispiel:

Die Gerade wird mit g oder AB bezeichnet. Die Strecke $\overline{AB}$ endet an den Punkten A und B.

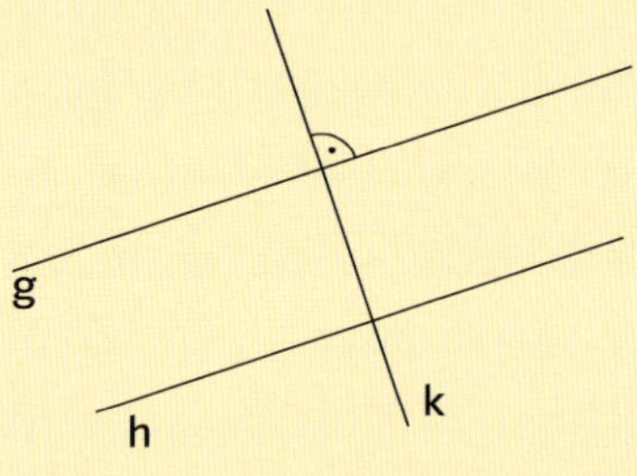

Geraden, die keinen Schnittpunkt haben, nennt man **parallel**. Schreibweise: $g \parallel h$.
Die Geraden g und k heißen **senkrecht** zueinander oder **orthogonal**. Sie bilden einen **rechten Winkel**. h und k sind ebenfalls orthogonal. Man schreibt $g \perp k$ oder $h \perp k$.

Waagrecht oder **horizontal** nennt man Geraden, die parallel zur Erdoberfläche sind, z. B. den Horzizont des Meeres.
Geraden, die senkrecht zur Erdoberfläche sind, nennt man **lotrecht** oder **vertikal**, z. B. einen Laternenpfahl.

Verwendung des Geodreiecks

Parallele und orthogonale Geraden kann man sehr leicht mit dem Geodreieck zeichnen.

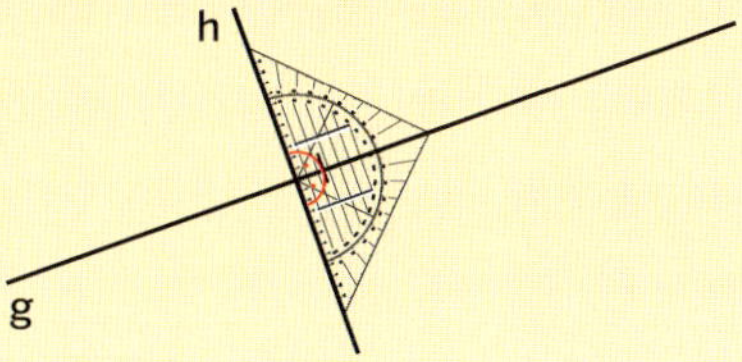

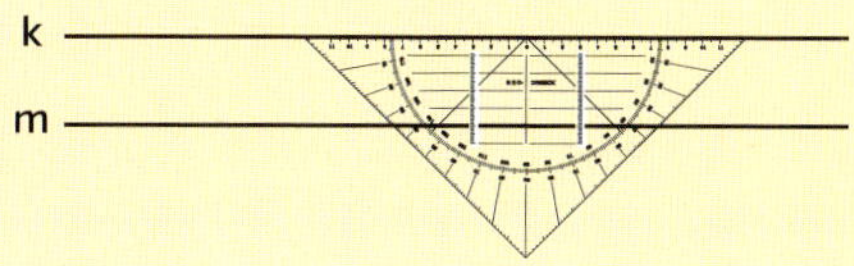

1

a) Wo gibt es parallele oder orthogonale Strecken in deinem Zimmer? Gibt es dort auch parallele oder orthogonale Geraden?

b) Steht ein Laternenmast senkrecht oder lotrecht? Erkläre den Unterschied.

2

Welche dieser Geraden sind orthogonal, welche parallel zueinander? Prüfe mit dem Geodreieck.

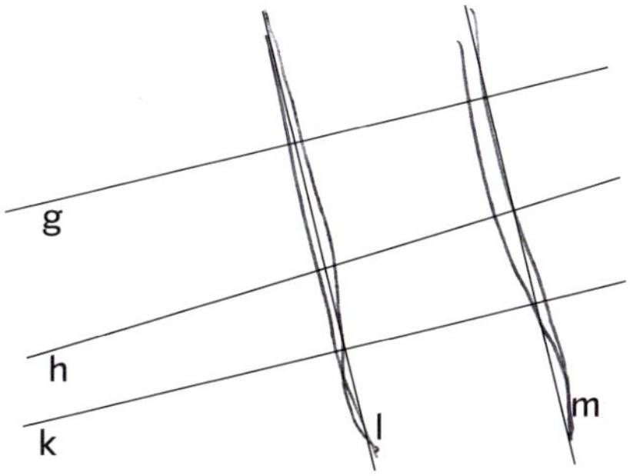

3

Übertrage alle Geraden und Punkte genau in dein Heft.

a) Zeichne durch die Punkte E und H Parallelen zu den Geraden AB und CD.

b) Zeichne durch die Punkte F und G Orthogonalen zu den Geraden AB und CD.

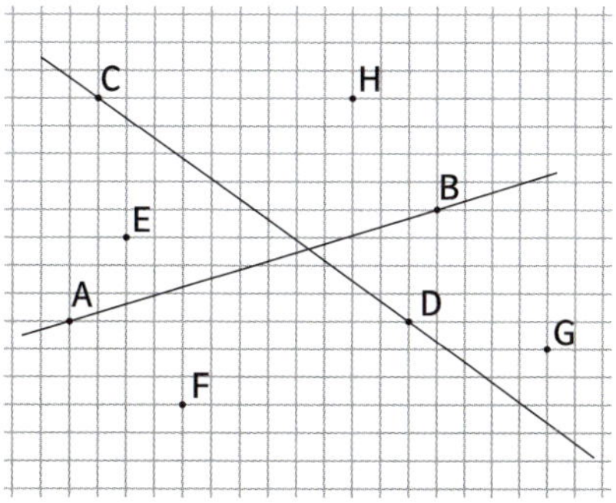

4

Stimmt das? Überlege dir die Antwort mit Hilfe einer Skizze.

a) Zwei Geraden haben entweder keinen oder genau einen Schnittpunkt.

b) Drei Geraden haben mindestens einen Schnittpunkt

c) Zu einer Geraden g gibt es genau eine senkrechte Gerade h, die durch einen Punkt geht, der nicht auf der Geraden g liegt.

5

Wie kann man im Haushalt (beim Aufhängen von Bildern,...) sicherstellen, dass das Bild gerade hängt?

6

Wie kannst du überprüfen, ob bei dir zu Hause die Wände senkrecht zueinander sind?

7

Sind Eisenbahnschienen wirklich parallel?

4.2 Achsensymmetrie

Täglich siehst du viele Symbole und Bilder, die etwas Besonderes an sich haben. Manche von ihnen, z. B. einige Verkehrsschilder oder manche Logos von Automarken sehen auch deshalb so interessant aus, weil sie symmetrisch sind.

In diesem Unterkapitel übst du
- zu erkennen, ob eine Figur achsensymmetrisch ist oder nicht,
- was eine Spiegelachse ist,
- achsensymmetrische Bilder zu zeichnen.

Achsensymmetrische Figuren

Du nennst eine Figur **achsensymmetrisch**, wenn es eine Gerade gibt (die wir **Spiegelachse** nennen), mit deren Hilfe man die Figur in zwei spiegelbildliche Teile zerlegen kann. Diese beiden Teile müssen **deckungsgleich** sein. Wenn man deckungsgleiche Figuren ausschneidet und übereinander legt, passen sie genau.

Beispiele:

1.

2.

3.

1

Sind diese Figuren achsensymmetrisch? Wenn ja, zeichne die Spiegelachse(n) ein.

keine Achse

4 Achsen

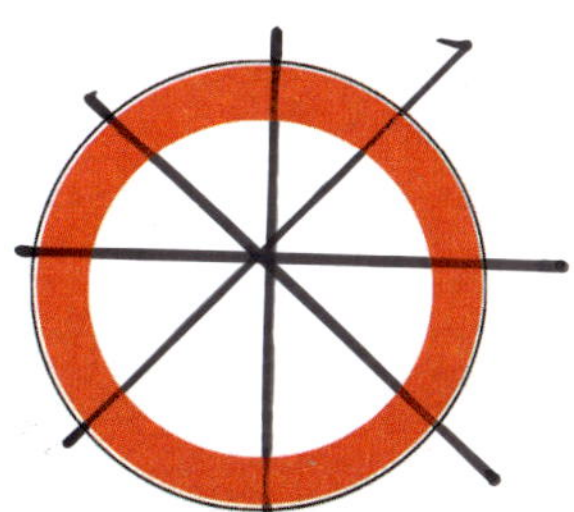

~~so~~ viele beliebig Achsen

2

Vervollständige dieses Bild zu einem achsensymmetrischen Bild.

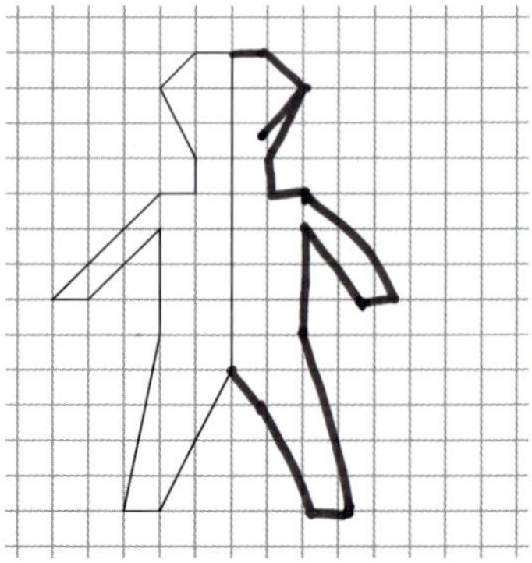

3

Jana hat das folgende Bild gezeichnet. Sie behauptet, es sei ein achsensymmetrisches Bild. Stimmt das? Wenn ja, kannst Du die Spiegelachse finden?

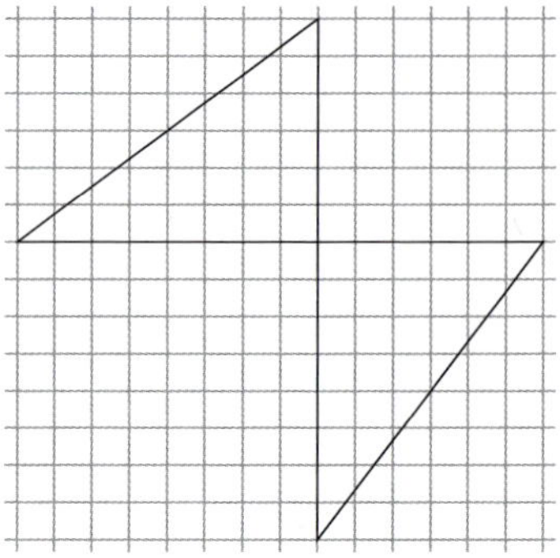

4

a) Sind zwei Spiegelachsen in einer Figur immer orthogonal?
b) Wie viele Spiegelachsen kann eine Figur höchstens haben?
c) Suche deckungsgleiche Figuren in deiner Wohnung.

5

Erfinde selbst je eine Figur mit 1, 2 und 3 Spiegelachsen.

6

Sind diese beiden Figuren achsensymmetrisch zueinander? Begründe deine Meinung.

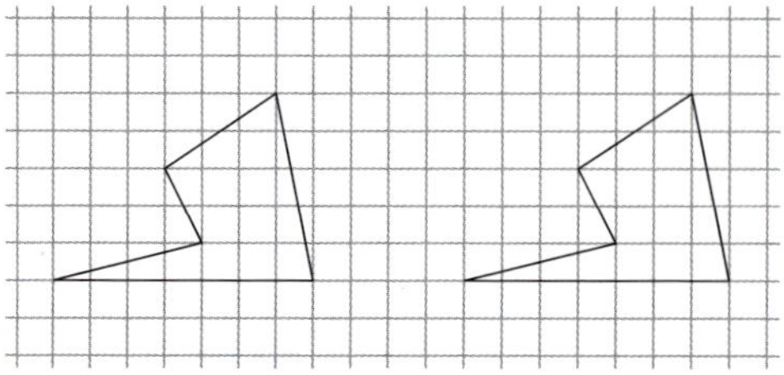

7

Zeichne diese beiden Figuren auf ein Blatt Papier ab und versuche durch Falten für jede Figur eine Spiegelachse zu finden.

a)

b)

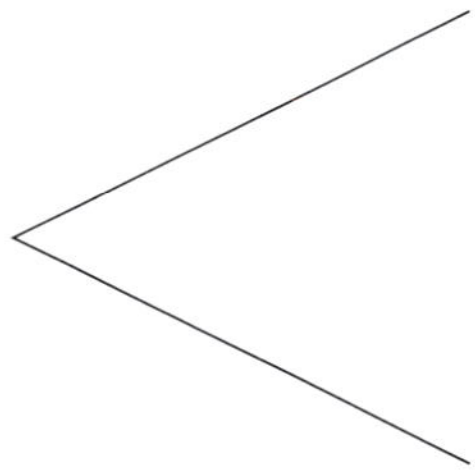

8

a) Vervollständige diese Figur so, dass sie achsensymmetrisch wird.

b) Lies die Koordinaten der Punkte ab, die A und B gegenüber liegen.

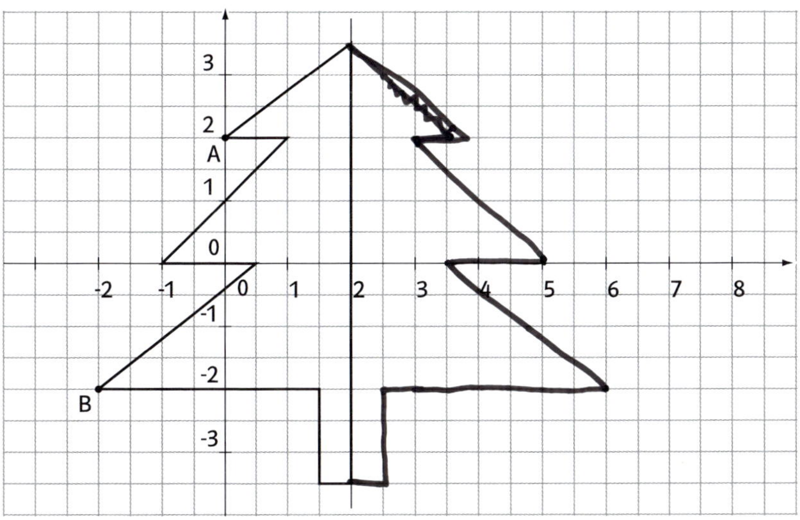

4.3 Achsenspiegelung

Viele Firmen haben Logos, die achsensymmetrisch sind. Oftmals findest du auch an älteren Gebäuden Ornamente, die Spiegelachsen haben.

In diesem Kapitel trainierst du
- eine Figur an einer Spiegelachse zu spiegeln,
- zu einem Bild und dem zugehörigen Spiegelbild die passende Spiegelachse zu finden.

Achsenspiegelung

Gibt man eine Spiegelachse und eine Originalfigur (**Urbild**) vor, so kannst du das Spiegelbild (**Bild**) eindeutig konstruieren, und das geht so:

*Zu 2:
Viele tragen die Streckenlänge statt mit dem Zirkel mit dem Geodreieck ab. Oftmals ist das aber nicht erlaubt. Meist ist es mit dem Zirkel auch genauer.*

1. Wähle einen Punkt (z. B. A) der Originalfigur aus und zeichne durch diesen eine Gerade, welche senkrecht zur Spiegelachse ist.
2. Trage den Abstand von A zur Spiegelachse auf die andere Seite mit dem Zirkel ab.
3. Du erhältst den Punkt A' auf der Senkrechten.
4. Verfahre ebenso mit den anderen Punkten.
5. Verbinde die gespiegelten Punkte durch gerade Strecken.

Punkte, welche auf der Spiegelachse liegen, bleiben unverändert. Du nennst sie **Fixpunkte**.

Beispiel:

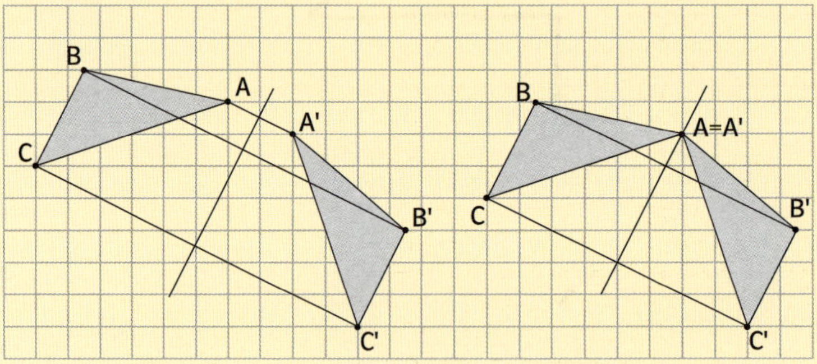

Manchmal ist es nicht notwendig, alle Punkte einzeln zu spiegeln, da sowohl die Streckenlängen als auch die Winkelweiten erhalten bleiben. Du kannst also, wenn du z. B. zwei gespiegelte Punkte eines Rechtecks kennst, ohne weitere Spiegelung alle anderen Spiegelpunkte zeichnen.

Finden einer Spiegelachse

Sind Bild und Urbild gegeben und du möchtest die Spiegelachse herausfinden, gehst du so vor:

1. Verbinde einen Bild- und seinen Urbildpunkt, z. B. A' und A.
2. Schlage um die Punkte A und A' je einen Kreis mit demselben Radius. Die Verbindungsgerade der beiden Schnittpunkte dieser Kreise ist die gesuchte Achse.

Beispiel:

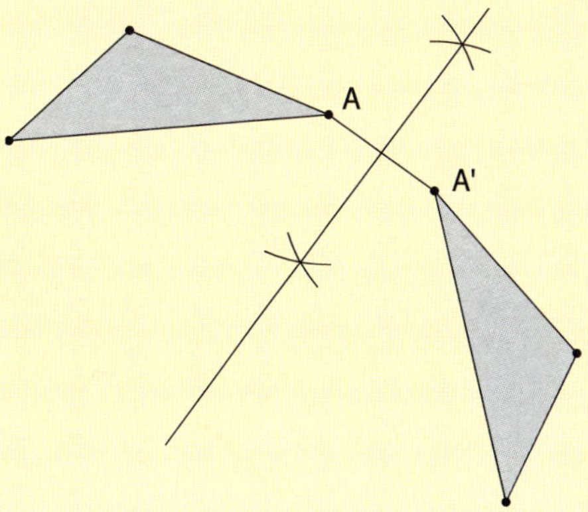

Tipp
Du kannst deine Zeichnung kontrollieren, indem du ein weiteres Punktepaar miteinander verbindest. Die Spiegelachse muss diese Verbindungsstrecke exakt halbieren

1

Spiegle das Viereck ABCD an der Spiegelgeraden.

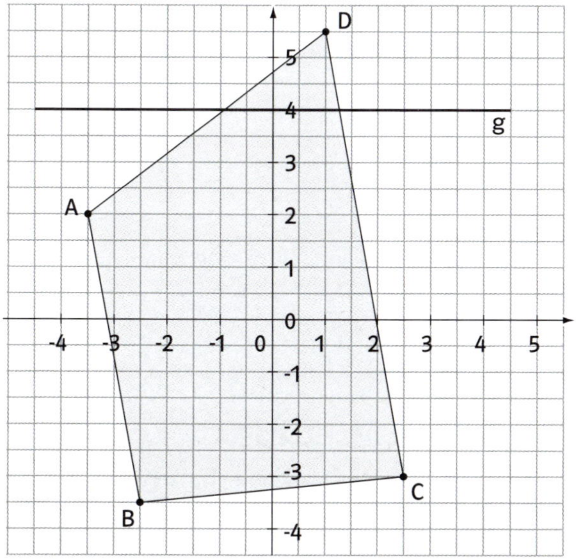

Tipp
Schneidet das Urbild die Spiegelachse, so sind diese Schnittpunkte Fixpunkte. Das Bild muss also auch durch diese Punkte verlaufen.

2

Ist Herr Einstein wirklich gespiegelt? Suche die Fehler!

3

Hier fehlt die Spiegelachse, kannst du sie konstruieren?

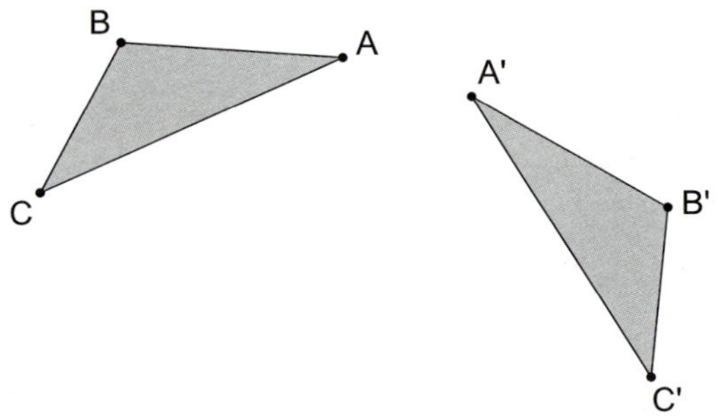

4

Vervollständige dieses Bandornament.

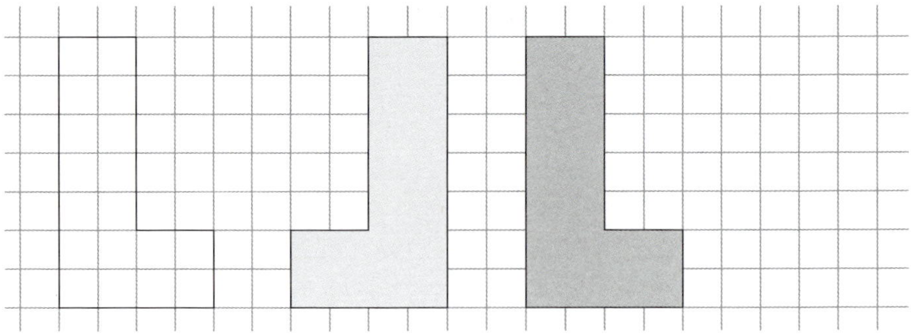

5

Spiegle diese Vierecke an ihren Diagonalen.

Eine Diagonale ist eine Verbindungsstrecke zwischen nicht benachbarten Ecken eines Vielecks.

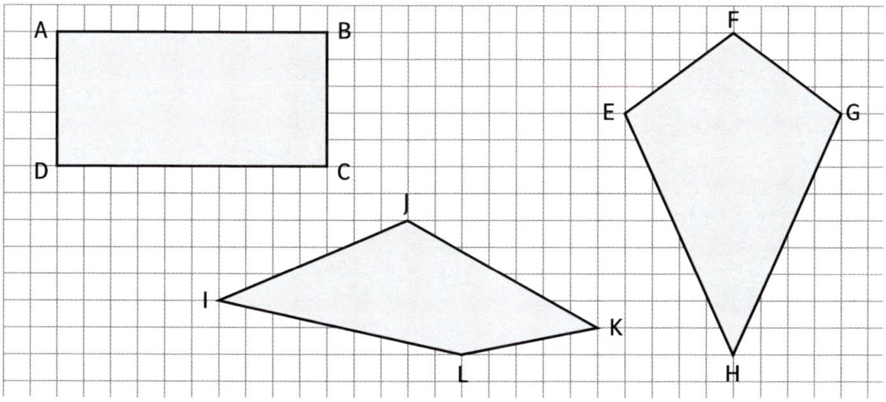

6

Stimmt das?

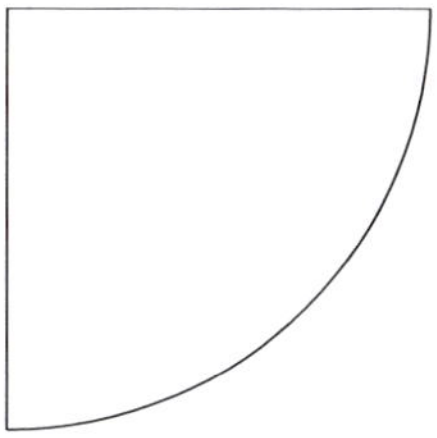

a) Aus einem Viertelkreis kann man durch zwei Spiegelungen einen ganzen Kreis erhalten.
b) Spiegelt man eine Figur an einer Achse und das Bild wieder an dieser Achse, so erhält man die ursprüngliche Figur (das Urbild) zurück.
c) Suchst du von einer Figur die Symmetrieachse, so gibt es immer genau eine Möglichkeit diese zu finden.

7

Wie spiegelt man einen Kreis? Schreibe eine kurze Erklärung.

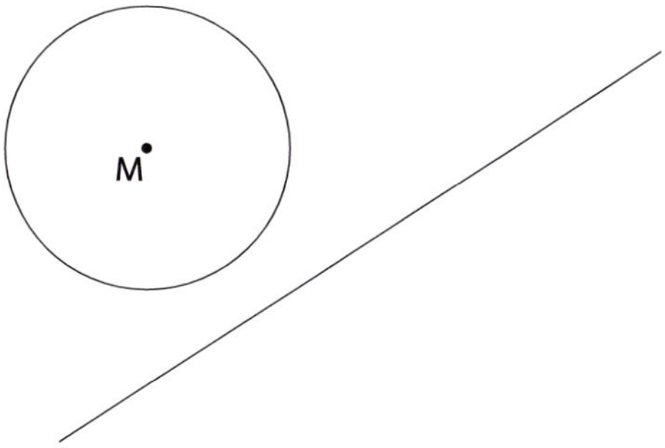

8

Eine Strecke, die Verbindungslinie zweier Punkte, kann man auch als achsensymmetrisches Bild betrachten. Kannst du die Symmetrieachse einer Strecke konstruieren?

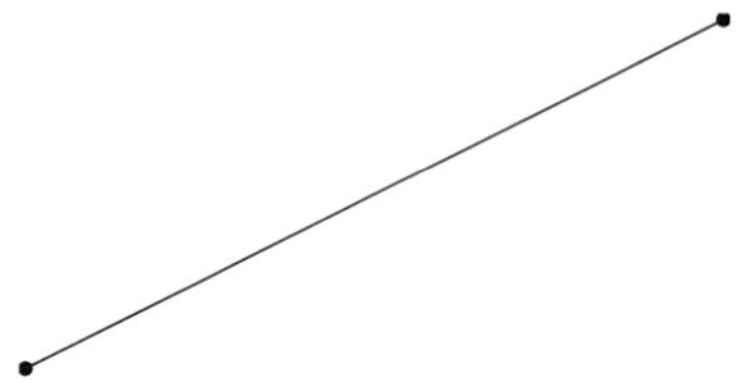

9

Spiegele das Wort:

RELIEFPFEILER

10

Spiegele das Dreieck erst an der Geraden g und anschließend an der Geraden h. Was fällt dir auf? Welche Koordinaten haben A′ und A″?

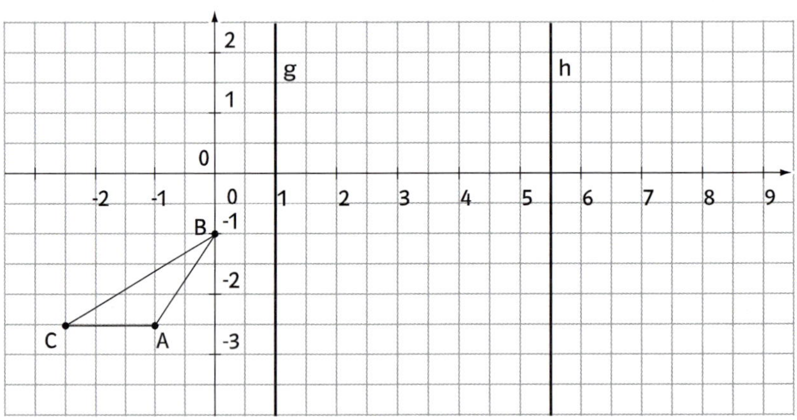

11

Beim Billard gilt: Einfallswinkel = Ausfallswinkel

Beim Billard sind die Verlaufsbahnen der Kugel, die an eine Bande stoßen, achsensymmetrisch zur Senkrechten durch den Aufprallpunkt. Kannst du die Bahn der Kugel fortsetzen?

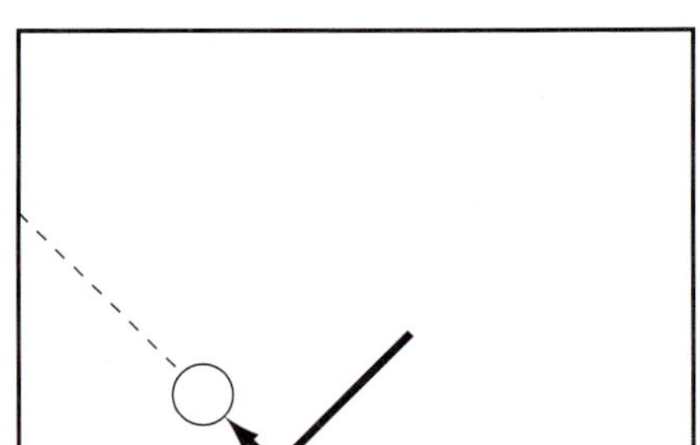

12

Linus möchte aus einem Stück Linoleum einen Stempel mit seinem Namen herstellen. Kannst du ihm helfen, wie dieser Stempel aussehen muss?

4.4 Punktsymmetrie

Manche Figuren sehen irgendwie symmetrisch aus, sind aber nicht achsensymmetrisch. Es gibt also auch noch andere Arten der Symmetrie.

In diesem Kapitel trainierst du
- zu erkennen, ob eine Figur punktsymmetrisch ist oder nicht,
- was ein Symmetriezentrum ist,
- punktsymmetrische Bilder zu zeichnen.

Punktsymmetrische Figuren

Du nennst eine Figur **punktsymmetrisch**, wenn alle Verbindungsstrecken zueinander gehörender Punkte sich in einem Punkt Z (den wir **Symmetriezentrum oder Symmetriepunkt** nennen) schneiden.

Beispiele

1.

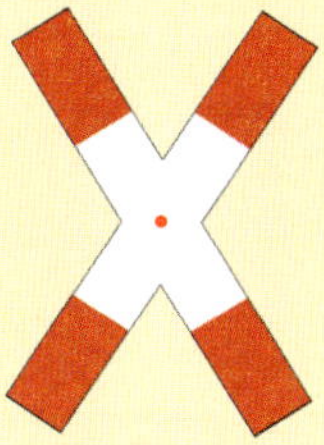

2.

3.

Der Rote Punkt in den Abbildungen ist das Symmetriezentrum.

1

Sind diese Verkehrsschilder punktsymmetrisch? Wenn ja, zeichne das Symmetriezentrum ein.

2

Vervollständige das Bild zu einer punktsymmetrischen Figur.

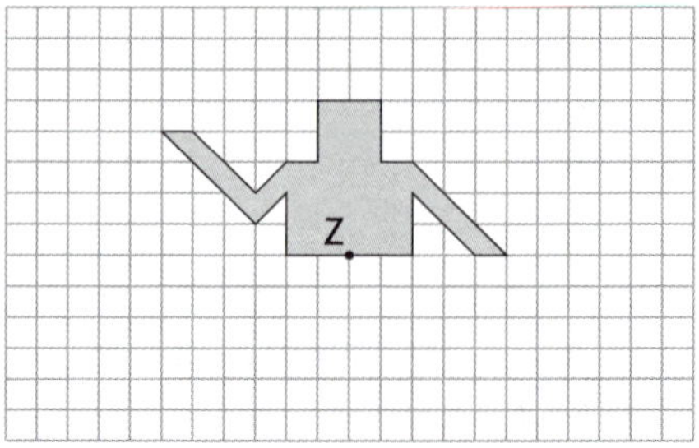

3

Paul hat das folgende Bild gezeichnet. Er behauptet, es sei ein punktsymmetrisches Bild. Stimmt das? Wenn ja, findest du den Symmetriepunkt?

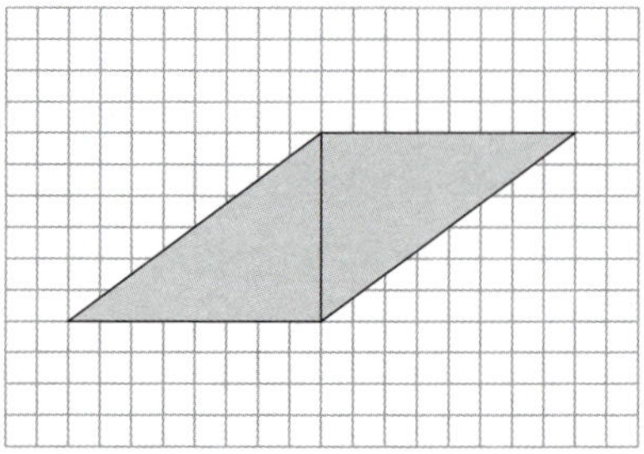

4

a) Kann eine Figur zwei Symmetriezentren haben?
b) Kann eine punktsymmetrische Figur auch achsensymmetrisch sein?

5

Erfinde selbst punktsymmetrische Figuren.

6

a) Vervollständige diese Figur so, dass sie punktsymmetrisch wird.
b) Lies die Koordinaten der Punkte ab, die dann A und B gegenüber liegen.

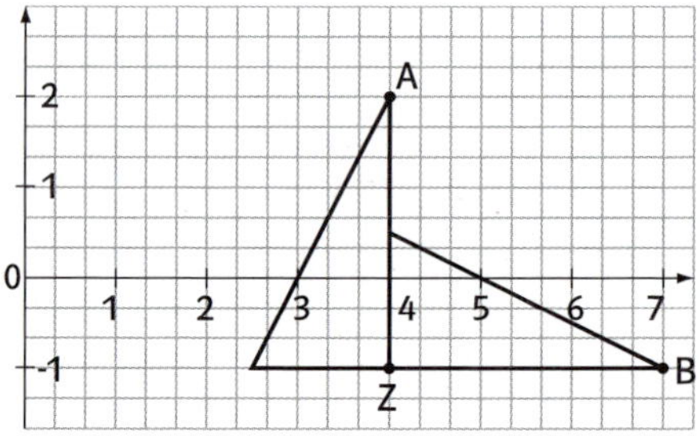

7

Sind die beiden Figuren jeweils punktsymmetrisch zueinander? Begründe deine Meinung.

a)
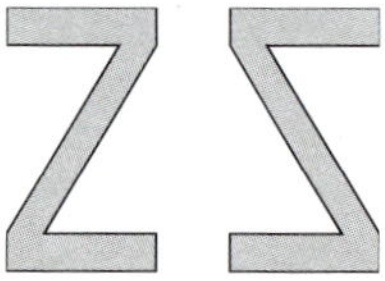

b)
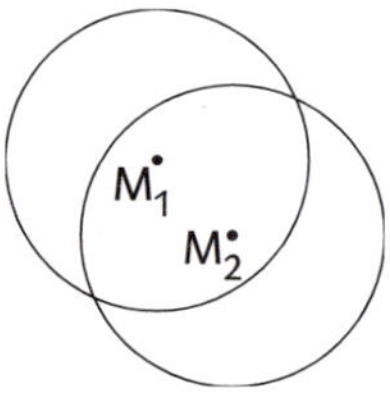

8

Es gibt Buchstaben, die sowohl achsensymmetrisch als auch punktsymmetrisch sind, z. B. H.

a) Suche weitere Beispiele. Zeichne jeweils alle Symmetrieachsen und den Symmetriepunkt ein.

b) Welche Lage haben die Symmetrieachsen in deinen Beispielen zueinander?

9

Sind die folgenden Aussagen richtig oder falsch? Begründe deine Meinung an geeigneten Beispielen.

a) Alle punktsymmetrischen Figuren sind auch achsensymmetrisch.

b) Alle achsensymmetrischen Figuren sind auch punktsymmetrisch.

c) Es gibt punktsymmetrische Figuren, die auch achsensymmetrisch sind.

4.5 Punktspiegelung

Sicherlich ist dir schon aufgefallen, dass viele Logos oder auch manche Kunstwerke symmetrisch zu einem Punkt sind. Genauso wie bei der Achsenspiegelung auch ist es möglich jede beliebige Figur an einem vorgegebenem Punkt zu spiegeln.

In diesem Kapitel übst du
- eine Figur an einem Punkt zu spiegeln,
- zu einem Bild und dem zugehörigen Spiegelbild den passenden Symmetriepunkt zu finden.

Punktspiegelung

Gibt man einen Symmetriepunkt (nennen wir ihn Z) und ein **Urbild** vor, so kannst du das Spiegelbild (**Bild**) eindeutig konstruieren, und zwar folgendermaßen:

1. Wähle einen Punkt (z. B. A) der Originalfigur aus und zeichne durch diesen und durch das Symmetriezentrum Z eine Gerade.
2. Trage den Abstand von A zu Z auf die andere Seite von Z mit dem Zirkel ab, indem du einen Kreis um Z mit dem Radius $\overline{AZ}$ schlägst.
3. Du erhältst den Punkt A′ als Schnittpunkt der Kreislinie mit der von dir gezeichneten Geraden.
4. Verfahre ebenso mit den anderen Punkten.
5. Verbinde die Bildpunkte miteinander.

Zu 2: Du kannst auch die Streckenlänge AZ messen und dieselbe Länge auf der anderen Seite von Z abtragen. Das Arbeiten mit dem Zirkel ist aber meist genauer und dauert auch nicht länger.

Beispiel:

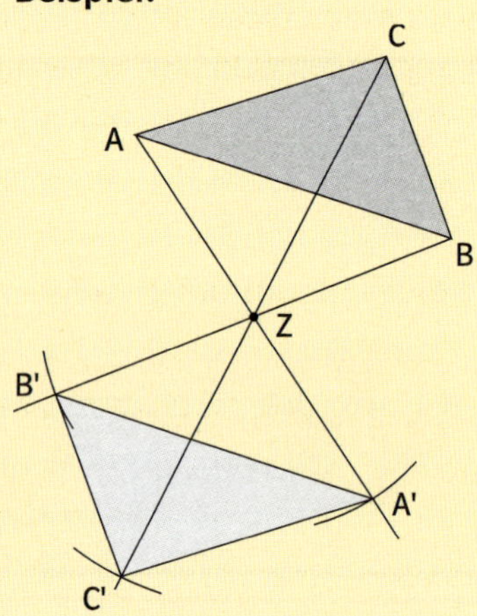

Genau wie bei der Achsenspiegelung ist es oft nicht notwendig, alle Punkte einzeln zu spiegeln, da sowohl die Streckenlängen als auch die Winkelweiten erhalten bleiben. Du kannst also, wenn du z. B. zwei gespiegelte Punkte eines Rechtecks kennst, ohne weitere Spiegelung alle anderen Spiegelpunkte zeichnen.

Finden des Symmetriezentrums

In manchen Fällen sind Bild und Urbild gegeben und du möchtest (oder musst) das Symmetriezentrum herausfinden. In diesem Fall arbeitest du so:

1. Verbinde zwei verschiedene Bildpunkte mit ihren Urbildpunkten, z. B. A und A' sowie B und B'. Achte darauf, dass du zwei Punkte auswählst, die nicht zu nahe beieinander liegen.
2. Die beiden Strecken schneiden sich in einem Punkt. Dieser ist das Symmetriezentrum Z.

Beispiel:

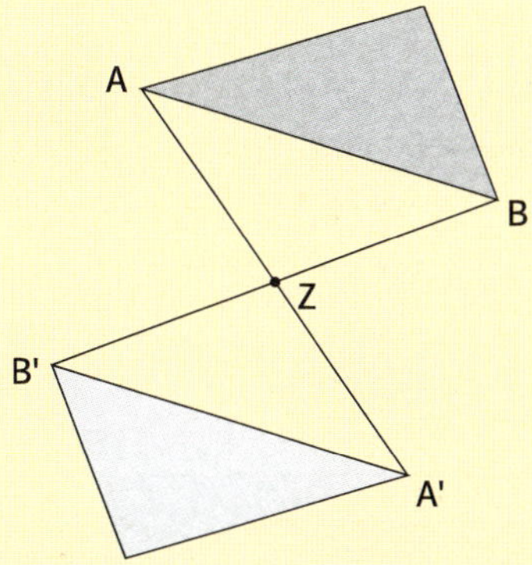

Zu 1.: Liegen A und B zu nahe zusammen, so erhältst du (wie unter 2. beschrieben) keinen sauberen Schnitt der beiden Strecken. Man nennt diesen „unsauberen" Schnitt einen schleifenden Schnitt.

Du kannst deine Zeichnung kontrollieren, indem du ein weiteres Punktepaar miteinander verbindest. Die Strecke muss genau durch Z verlaufen. Schneiden sich nicht alle Verbindungsstrecken in einem Punkt, so ist die Figur auch nicht punktsymmetrisch.

1

Spiegele die Figur am Ursprung.

Zur Erinnerung: der Ursprung ist der Punkt 0(0|0).

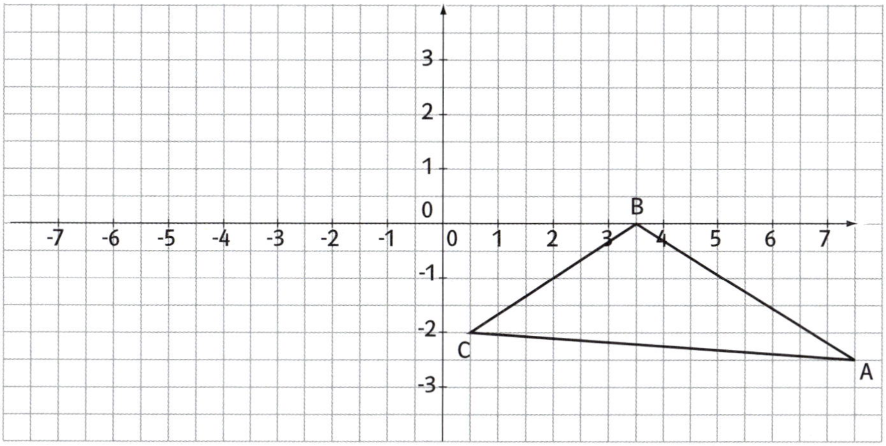

2

Hier fehlt der Spiegelpunkt.
Konstruiere ihn.

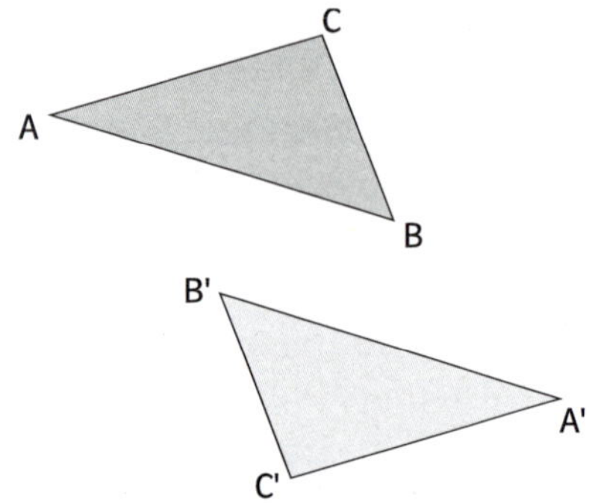

3

Ergänze das Bild so, dass der rechte Teil das Bild des linken Teils bei einer Punktspiegelung an Z ist.

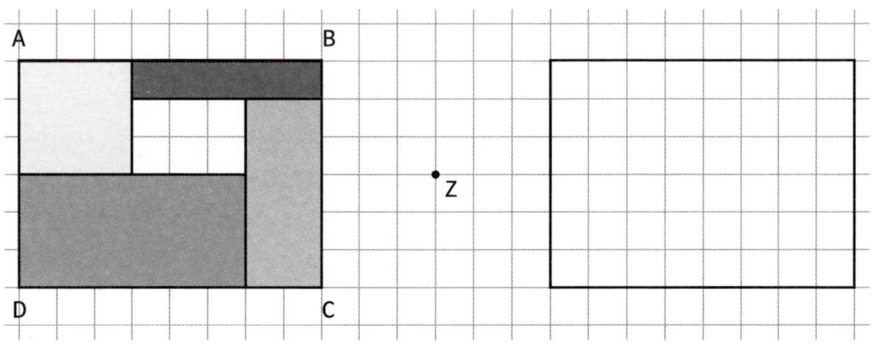

4

Kann man eine Figur, z. B. ein Rechteck, auch an einem Punkt spiegeln, der innerhalb dieser Figur liegt?

5

Robin behauptet: „Ein Dreieck kann nicht punktsymmetrisch sein."
Stimmt das? Kennst du andere Vielecke, für welche diese Aussage (auch) zutrifft?

6

Stimmt das:

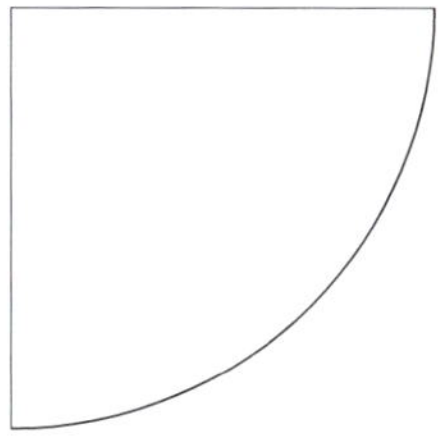

a) Aus einem Viertelkreis kann man durch zwei Punktspiegelungen einen ganzen Kreis erhalten.
b) Spiegelt man eine Figur an einem Punkt und das Bild wieder an diesem Punkt, so erhält man die ursprüngliche Figur (das Urbild) zurück.
c) Suchst du von einer Figur das Symmetriezentrum, so gibt es immer genau eine Möglichkeit dieses zu finden.

7

Hat Andreas hier richtig gespiegelt? Überprüfe seine Zeichnung und verbessere nötigenfalls die Fehler.

8

Es sind zwei Punke A und B gegeben: A(7 | −2); B(1 | 1). Diese werden durch eine Punktspiegelung gespiegelt auf A′(−1 | 6) und B′(5 | 3).
a) Konstruiere das Symmetriezentrum.
b) Man kann die Koordinaten des Symmetriezentrums auch rechnerisch bestimmen. Versuche herauszufinden wie!

9

Zeichne ein beliebiges Dreieck ABC und spiegle dieses an einem beliebigen Punkt Z. Spiegle anschließend das Bilddreieck A′B′C′ wieder an Z. Was erhältst du? Begründe, warum das Ergebnis nicht überraschend ist.

4.6 Parallelverschiebung

An vielen Gebäuden, z. B. an Fassaden, in Kirchen oder Gegenständen wie antiken Vasen, Servietten etc. sieht man Bandornamente zur Verzierung. Diese entstehen durch Parallelverschiebung eines Bildmotives.

In diesem Kapitel lernst du
- Bandornamente zu zeichnen,
- Figuren parallel zu verschieben,
- zu einer Urbild- und der passenden Bildfigur den Verschiebungspfeil zu finden.

Parallelverschiebung

Wenn eine Urbildfigur und ein Verschiebungspfeil gegeben sind, dann findest du die Bildfigur folgendermaßen:
1. Zeichne durch den Urbildpunkt eine Parallele zum Verschiebungspfeil.
2. Schlage um den Urbildpunkt einen Kreis, der die Länge des Verschiebungspfeiles als Radius hat.
3. Dieser Kreis schneidet die Parallele in zwei Punkten. Derjenige, der vom Urbildpunkt aus gesehen in der Richtung liegt, in die der Verschiebungspfeil zeigt, ist der gesuchte Bildpunkt.
4. Verbinde die Bildpunkte.

Statt „Verschiebungspfeil von D nach E" schreibt man auch $\overrightarrow{DE}$.

Beispiel:

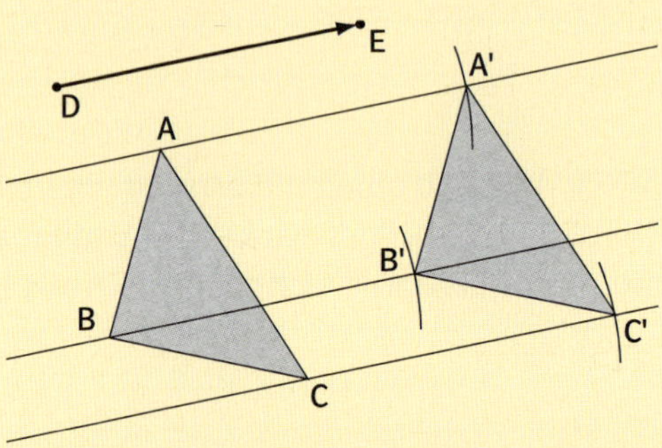

Bei der Parallelverschiebung bleiben alle Streckenlängen und Winkel erhalten. Du kannst also, wenn du den ersten Punkt einer Figur abgebildet hast, alle anderen Punkte dadurch erhalten, dass du an Stelle der Kreise Parallelen zu den entsprechenden Seiten der Urbildfigur zeichnest.

Beispiel:
Hier wurde der Punkt A′ mit dem Zirkel konstruiert. Dann zeichnest du durch A′ die Parallele zu AB, dadurch erhältst du B′. C′ entsteht dann durch die Parallele zu BC durch B′.

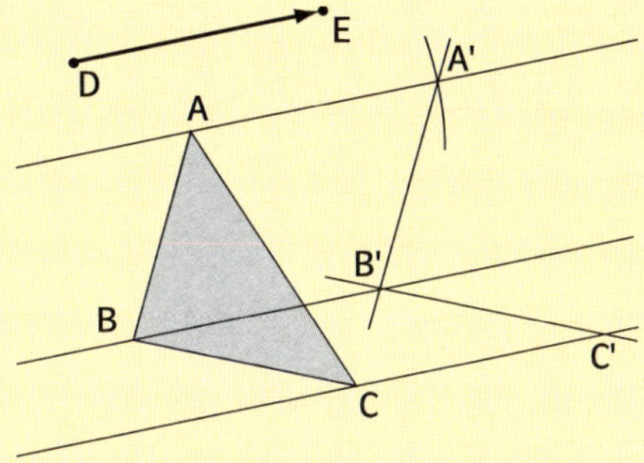

Finden des Verschiebungspfeiles

Wenn du eine Figur und die ihre Bildfigur kennst, kannst du den dazu gehörigen Verschiebungspfeil zeichnen, indem du einen Urbildpunkt mit seinem Bildpunkt verbindest und die Pfeilspitze beim Bildpunkt zeichnest.

Beispiel:
AB ist die Urbildstrecke, A′B′ ist die Bildstrecke. $\overrightarrow{AA'}$ (oder $\overrightarrow{BB'}$) ist der gesuchte Verschiebungspfeil.

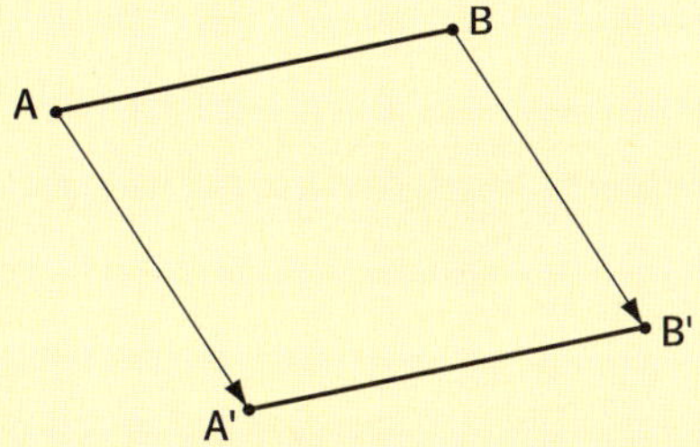

Wichtig:
In einer Verschiebungsfigur müssen alle Pfeile gleich lang und parallel sein und in die selbe Richtung zeigen.

1

Zeichne das Fünfeck ABCDE und den Punkt A′ ab.

a) Zeichne einen Verschiebungspfeil so, dass A auf A′ verschoben wird.
b) Verschiebe dann die restlichen Punkte der Figur mit demselben Verschiebungspfeil.

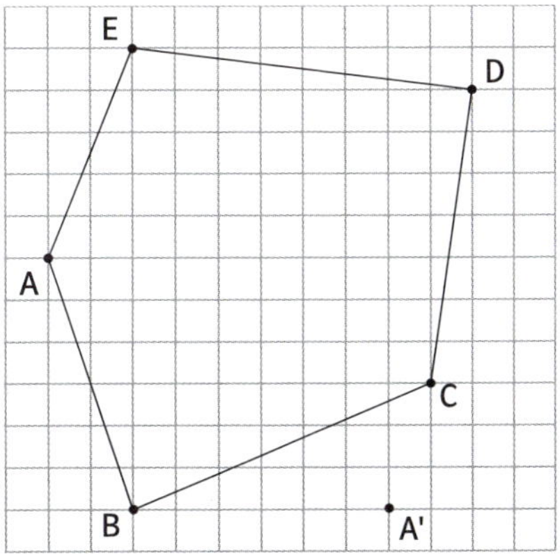

2

Vervollständige diese Figur zu einem Bandornament bis zur Breite einer Heftseite.

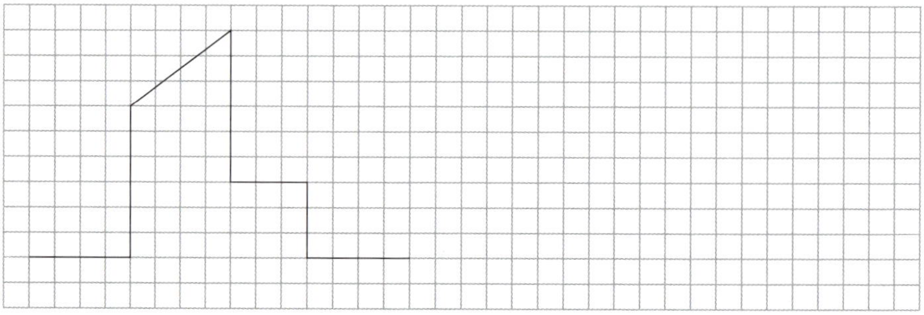

3

Ein Dreieck mit einem rechten Winkel heißt rechtwinkliges Dreieck.

Prüfe, ob die rote Figur aus der grünen durch Parallelverschiebung entstanden sein kann. Gib einen Verschiebungspfeil an, falls es stimmt. Falls die rote Figur aus der grünen nicht durch Parallelverschiebung hervorgeht, gib an, durch welche andere Abbildung sonst.

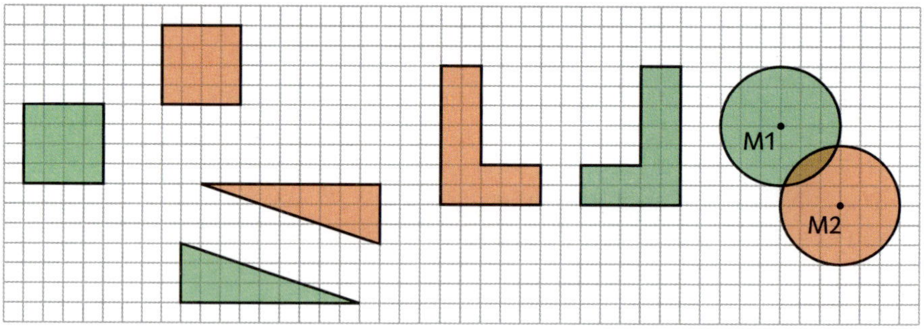

4

a) Zeichne die Punkte A(2 | 0), B(6 | 0), C(5 | 2), D(7 | 3) und E(3 | 4) in ein Koordinatensystem. Verschiebe das Dreieck ABC mit dem Verschiebungspfeil $\overrightarrow{DE}$. Gib die Koordinaten der Bildpunkte an.

b) Zeichne mit den Punkten A(−2 | 3), B(0 | 1), C(4 | 0), D(5 | 2) und E(1 | 5) ein Fünfeck. Verschiebe dieses Fünfeck so, dass A′(0 | 0) der Bildpunkt von A ist. Lies die Koordinaten der übrigen Bildpunkte ab.

5

a) Zeichne eine beliebige Gerade und verschiebe sie mit einem beliebigen Verschiebungspfeil. Wie musst du vorgehen?

b) Zeichne die Gerade g und den Verschiebungspfeil $\overrightarrow{AB}$. Verschiebe die Gerade. Was stellst du fest?

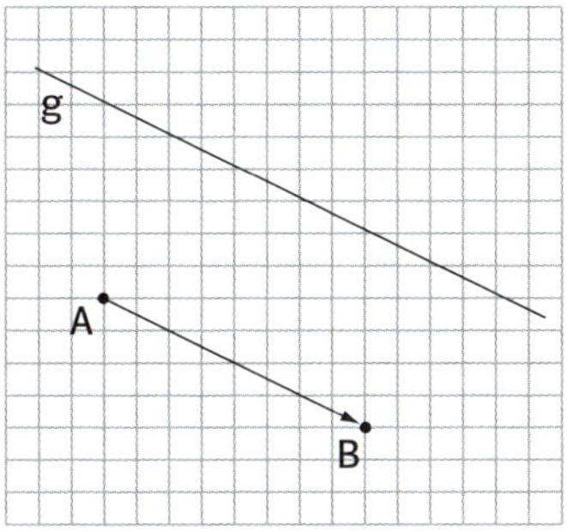

6

Zeichne einen Kreis mit dem Radius 3 cm. Zeichne einen beliebigen Radius ein. Verschiebe den Kreis so, dass der Mittelpunkt des Kreises auf den Endpunkt des eingezeichneten Radius verschoben wird. Beschreibe, wie du den Bildkreis gefunden hast.

7

Wiederhole die Aufgabe 10 aus dem Abschnitt 4.3, Achsenspiegelungen. Kannst du eine Abbildung angeben, die das Dreieck ABC ohne Achsenspiegelungen direkt auf das Dreieck A″B″C″ abbildet?

8

Stimmt das?

a) Bei einer Parallelverschiebung gibt es keine Fixpunkte (Punkte, die mit ihrem Bildpunkt zusammen fallen).

b) Bei einer Parallelverschiebung gibt es keine Fixgeraden (Geraden, die mit ihrer Bildgeraden zusammen fallen).

c) Um einen Kreis zu verschieben, braucht man nur einen einzigen Punkt zu verschieben.

1

Wie verändern sich die Koordinaten eines Punktes P bei

a) Spieglung an der x-Achse,

b) Spiegelung an der y-Achse

c) Spiegelung am Ursprung?

Erkläre am besten mit (mehreren) Beispielpunkten.

Punkte: max.3

2

Welche dieser Figuren sind punktsymmetrisch, welche achsensymmetrisch? Zeichne die Symmetrieelemente ein?

Punkte: max.1

3

Durch welche Abbildung ist die rote Figur jeweils aus der grünen hervorgegangen? Zeichne die Symmetrieachsen oder Symmetriepunkte bzw. Verschiebepfeile ein.

a)

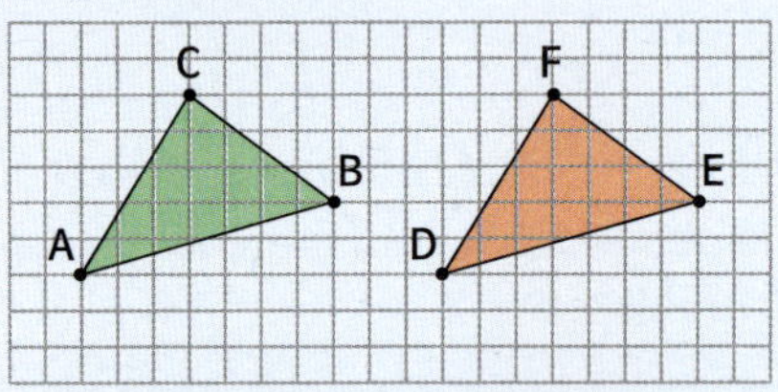

Punkte: max.1

b)

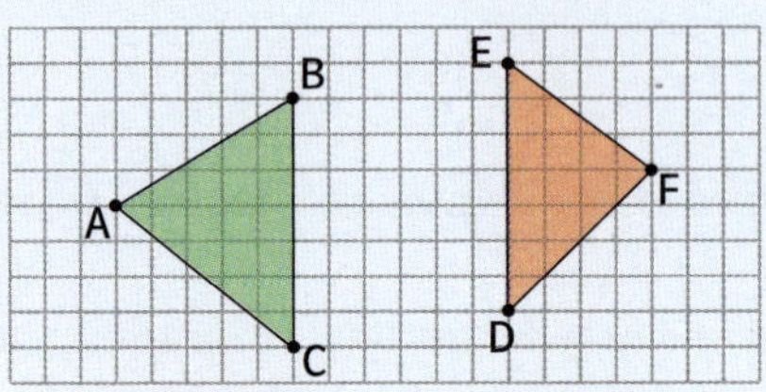

Punkte: max.1

c)

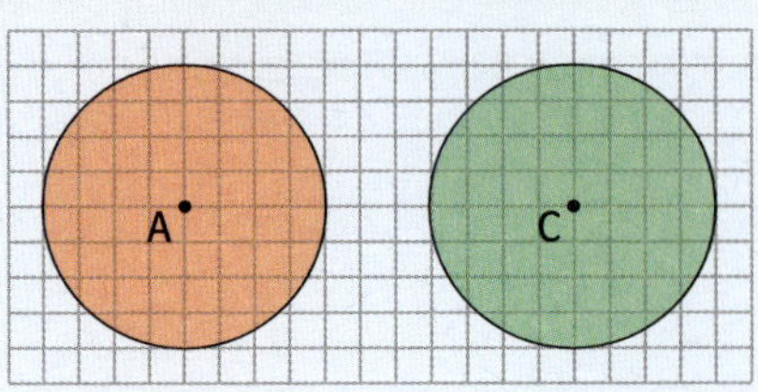

Punkte: max.1

4

a) Vervollständige das Viereck ABCD an der Seite BC so, dass eine achsensymmetrische Figur entsteht.

b) Die zweite Figur sollst du zu einer punktsymmetrischen Figur mit Zentrum G vervollständigen.

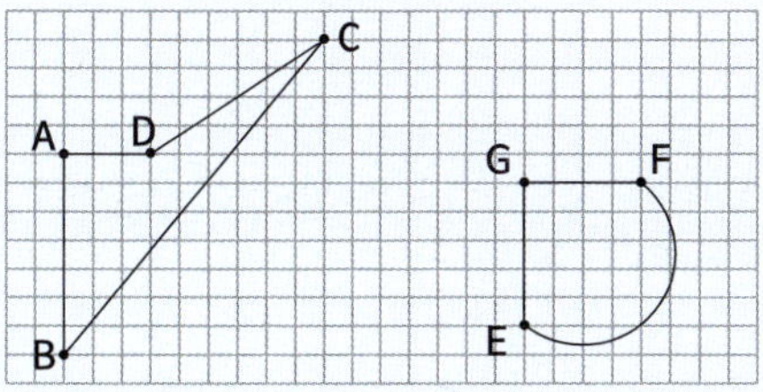

Punkte: max. 2

5

Versuche die folgenden Begriffe in deinen eigenen Worten zu erklären: Bild und Urbild, punktsymmetrisch, Achsensymmetrie, Fixpunkt, Fixgerade, senkrecht, parallel, Verschiebepfeil

Punkte: max. 2

6

Zeichne eine Achse ein, so dass das Viereck ABCD auf das Viereck FGHD gespiegelt wird.

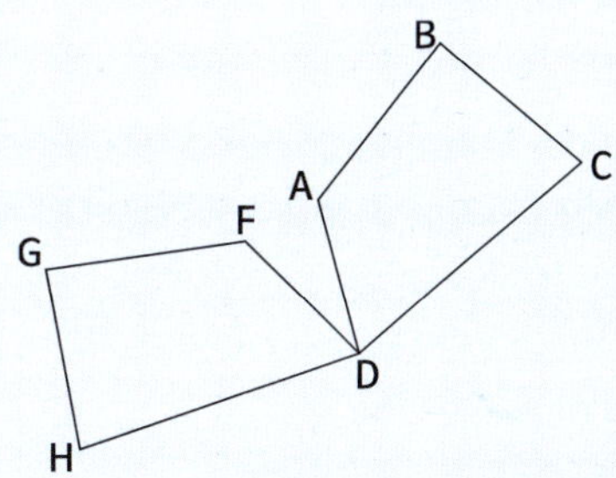

Punkte: max. 1

7

a) Spiegle ein rechtwinkliges Dreieck an der Mitte einer Dreiecksseite so, dass Urbild und Bild zusammen ein Rechteck bilden.

Punkte: max. 1

b) Zeichne einen Symmetriepunkt ein, so dass das Viereck ABCD auf das Viereck FGHI gespiegelt wird (Abb. 1).

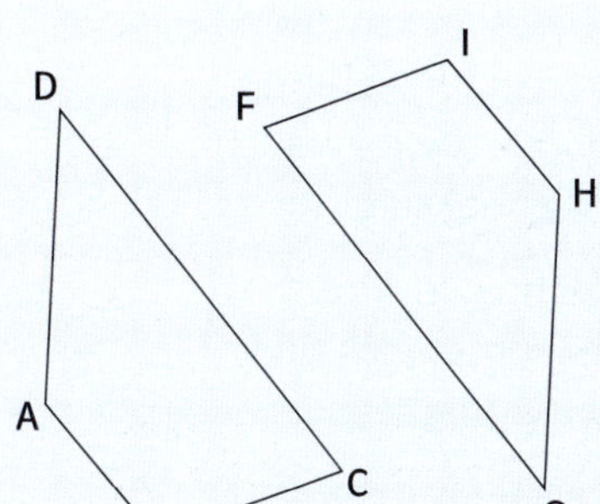

Abb. 1

Punkte: max. 2

8

Zeichne das Dreieck ABC mit den Punkten A(−1|−2), B(1|3) und C(−3|1) in ein Koordinatensystem. Konstruiere die Mitte M der Strecke AB. Verschiebe das Dreieck ABC so, dass M der Bildpunkt von C ist. Gib die Koordinaten der Bildpunkte an.

Punkte: max. 2

9

a) Welche der Geraden g, h, k, l, m sind parallel, welche sind orthogonal zueinander?

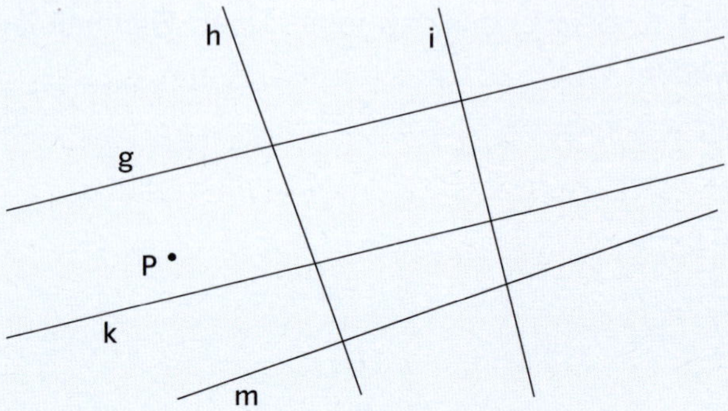

Punkte: max. 2

b) Zeichne die Geraden und den Punkt P möglichst genau ab. Berücksichtige dabei deine Ergebnisse aus Aufgabe a).
Zeichne von P aus eine orthogonale Strecke zu jeder der fünf Geraden.

Punkte: max. 2

10

Welche der folgenden Behauptungen sind wahr, welche falsch? Belege jede Antwort durch eine geeignete Skizze.

Behauptung	wahr	falsch	Skizze
Wenn eine Gerade g orthogonal zu einer Geraden h ist und h orthogonal zu einer weiteren Geraden k, dann ist auch g orthogonal zu k			
Alle Rechtecke sind punktsymmetrisch und achsensymmetrisch.			
Es gibt Figuren, die sind punktsymmetrisch und haben genau eine Symmetrieachse.			

Punkte: max. 3

Gesamtpunkte: max. 24

Aufgaben Nummer	erreichte Punktzahl von (...)	Lernerfolg	Lernabschnitt abhaken ✓
1	_____ (3)	Hier siehst du den Zusammenhang von Abbildungen und Koordinaten – eine wichtige Übung!	2.3 2.5
2 3 4 6	_____ (1) _____ (3) _____ (2) _____ (1)	Hast du hier gut abgeschnitten, bist du bei den Standard-Aufgaben zum Thema Abbildung fit.	2.2 – 2.6
5	_____ (2)	Wenn du all diese Begriffe gut erklären kannst, hast du auf jeden Fall einen großen Teil dieses Kapitels verstanden.	2.1 – 2.6
7 8	_____ (3) _____ (2)	Diese Aufgaben sind schon größere Herausforderungen zum Thema Abbildungen.	2.3 2.5 2.6
9	_____ (4)	Mit dieser Frage kannst du klären, ob du den ersten Abschnitt verstanden hast.	2.1
10	_____ (3)	Wenn du hier alles richtig gemacht hast, kannst du dieses Kapitel abhaken.	2.1 – 2.6

19 – 24 Punkte	13 – 18 Punkte	0 – 12 Punkte
Prima, du hast dieses Kapitel gut verstanden! Nun kannst du das nächsten Kapitel üben.	Das klappt ja schon recht ordentlich! Du hast einiges dazugelernt, aber es könnte auch besser sein. Wiederhole die Abschnitte noch einmal, die in deiner Checkliste nicht abgehakt sind.	Es gibt bei dir noch viele Unsicherheiten. Du musst noch mehr üben! Wiederhole die Abschnitte noch einmal, die in deiner Checkliste nicht abgehakt sind.

5 Flächen und Flächenmessung

Das Wort „Geometrie" kommt aus dem Griechischen und bedeutet wörtlich übersetzt „Erdvermessung". Die Geometrie befasst sich mit Flächen und Körpern.
In diesem Kapitel hast du die Gelegenheit, dich mit Flächen und Flächeninhalten zu beschäftigen.

5.1 Flächen

Im Alltag begegnen dir ständig Flächen wie z. B. deine Handfläche oder die Tischfläche. Oft siehst du auch Flächen, die Körper begrenzen wie z. B. Wände.

In diesem Abschnitt kannst du
- Flächen kennen lernen,
- trainieren, wie du Flächen vergleichen kannst.

Was ist der Flächeninhalt?

Die Größe einer Fläche nennt man **Flächeninhalt**.
Du kannst ihn durch Auslegen mit gleichgroßen Flächenstücken, z. B. Kästchen messen.

Beispiel:

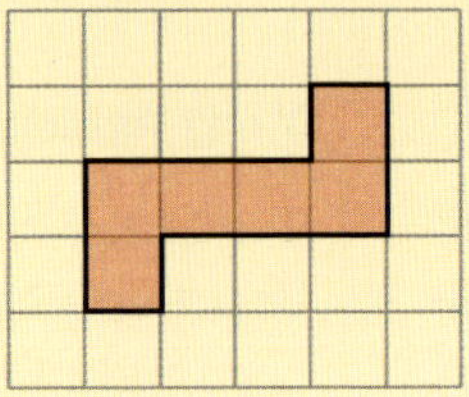

Flächeninhalt: 6 Kästchen

1

Bestimme den Flächeninhalt der Figuren und vergleiche.

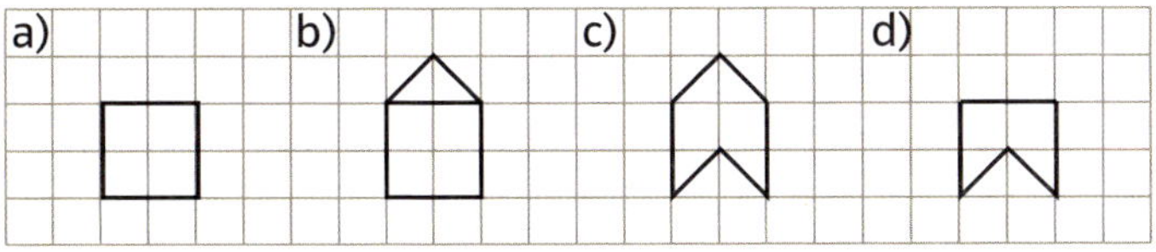

2

Ordne die Flächen nach ihrer Größe.

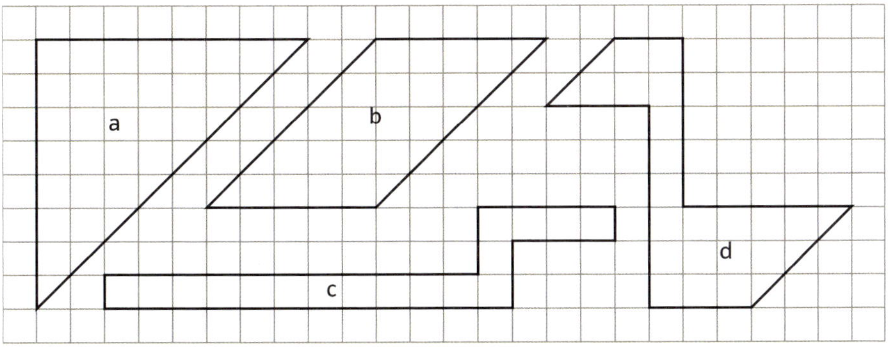

3

Welchen Flächeninhalt haben die vier Figuren?

a)

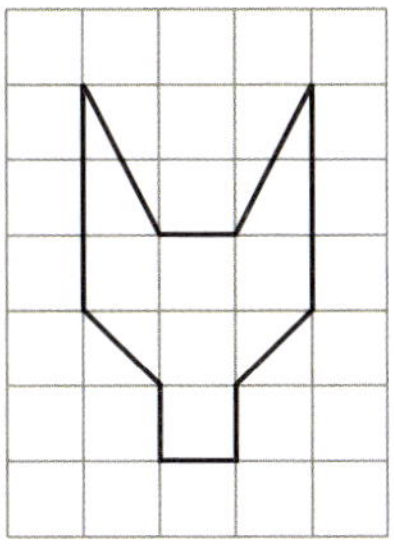

b)

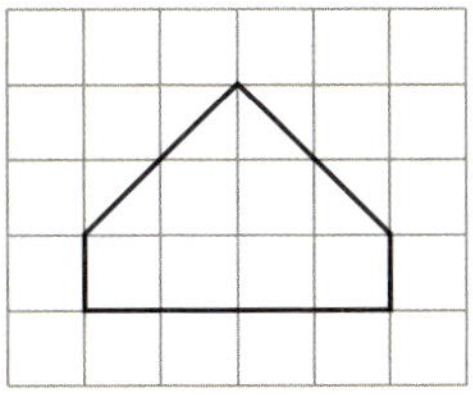

c)

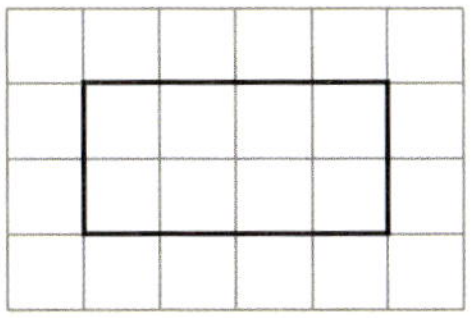

d)

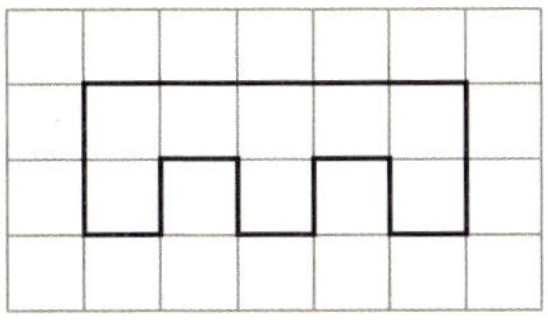

Zeichne weitere Figuren mit einem Flächeninhalt von acht Kästchen.

5.2 Maßeinheiten für Flächeninhalte

Im letzten Abschnitt hast du Flächeninhalte mit Kästchen bestimmt. Zum Vergleichen und genauen Messen von Flächeninhalten benötigst du wie bei den Größen verschiedene Maßeinheiten.

Jetzt kannst du üben, wie du
- Flächen genau messen kannst,
- welche Flächeneinheiten für welche Flächen sinnvoll sind.

Übersicht über die Flächeneinheiten

Als Grundeinheit für den Flächeninhalt kannst du ein Quadrat mit Kantenlänge 1 cm verwenden. Es hat den Flächeninhalt **1 cm²**.

1 cm² (sprich 1 **Quadrat**zentimeter) 1 cm²

Dieses Quadrat besteht aus 10 · 10, also 100 Quadraten mit der Kantenlänge 1 mm und dem Flächeninhalt 1 mm².
Entsprechend erhältst du die Zusammenhänge zwischen den anderen Maßeinheiten:

·100 →	·100 →	·100 →	·100 →	·100 →	·100 →	
1 km²	1 ha	1 a	1 m²	1 dm²	1 cm²	1 mm²
= 100 ha	= 100 a	= 100 m²	= 100 dm²	= 100 cm²	= 100 mm²	

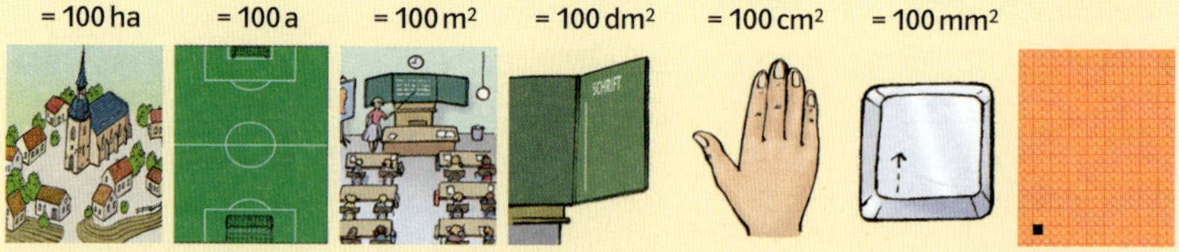

Die **Umrechnungszahl** bei Flächeneinheiten ist also 10 · 10 = **100**.

1

Welche Flächeneinheiten würdest du verwenden, um folgende Flächeninhalte anzugeben?

a) Basketballfeld b) Schreibtischplatte c) Postkarte
d) Passfoto e) Garagentor f) Acker (Feld)

2

Welche Flächeninhalte gehören zu welchem Gegenstand?

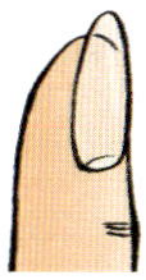

$1\,cm^2$ | $6\,dm^2$ | $6\,cm^2$ | $12\,dm^2$ | $51\,cm^2$

3

Bestimme die Größe der Bauplätze.

a)

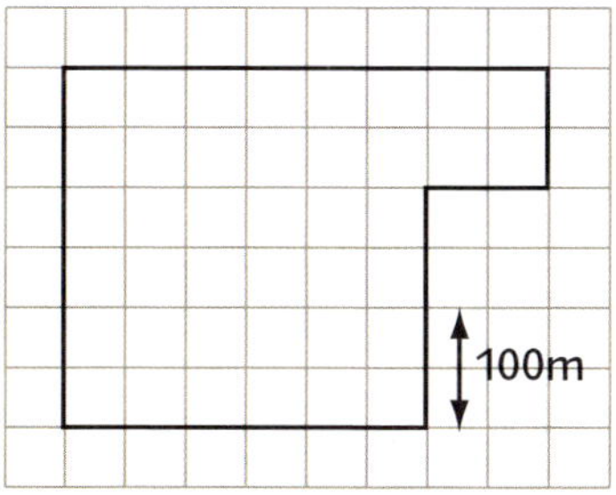

b)

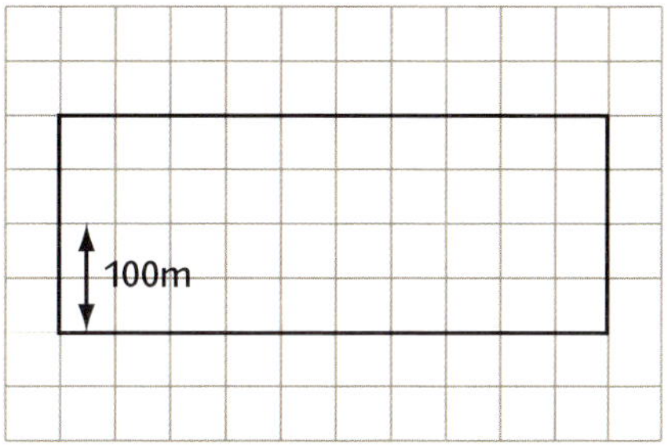

4

Bestimme die ungefähre Größe von Baden-Württemberg. Beschreibe wie du vorgegangen bist.

5.3 Umwandeln in andere Flächeneinheiten

Wie du dir vorstellen kannst, ist nicht jede Flächeneinheit für jede Fläche sinnvoll. Es ist z.B. nicht sinnvoll, die Größe eines Fingernagels in m^2 anzugeben.

Deshalb ist es jetzt an der Zeit das Umwandeln von Flächeneinheiten zu trainieren.

So kannst du Flächeneinheiten umwandeln

Da die Umwandlungszahl für Flächeneinheiten **100** ist, gilt für die nächstgrößere Einheit

← **2 Nullen** streichen oder das Komma um **2 Stellen** nach links verschieben

1 km^2 1 ha 1 a 1 m^2 1 dm^2 1 cm^2 1 mm^2

→ **2 Nullen** hinzufügen oder das Komma um **2 Stellen** nach rechts verschieben

Wie beim Umwandeln von Größen kann dir auch hier eine Stellenwerttafel helfen.

Nicht vergessen – Lücken mit Nullen auffüllen!

km^2		ha		a		m^2		dm^2		cm^2		mm^2	
Z	E	Z	E	Z	E	Z	E	Z	E	Z	E	Z	E

Beispiele für typische Aufgabenstellungen:

a) Schreibe in der nächstgrößeren Einheit:
200 dm^2 = 2 m^2 — 2 Nullen streichen
12 m^2 = 0,12 a — Komma 2 Stellen nach links

b) Schreibe in der nächstkleineren Einheit.
5 ha = 500 a — 2 Nullen dazu
0,7 a = 70 m^2 — Komma 2 Stellen nach rechts

c) Schreibe in der in Klammern angegebenen Einheit.
2,5 m^2 (cm^2) — Kleinere Einheit, also Komma
2,5 m^2 = 25 000 cm^2 — 4 Stellen nach rechts
1753 dm^2 (ha) — Größere Einheit, also Komma
1753 dm^2 = 0,001753 ha — 6 Stellen nach links

1
Schreibe in der nächstgrößeren Einheit.

a) $300\,mm^2$ b) $700\,m^2$ c) $2000\,dm^2$ d) 5000 ha
e) 900 a f) $1000\,cm^2$ g) $9000\,m^2$ h) 10 000 a

2
Schreibe in der nächstgrößeren Einheit.

a) $170\,cm^2$ b) 580 ha c) $330\,dm^2$ d) $50\,mm^2$
e) 30 a f) $75\,m^2$ g) $560\,m^2$ h) $2440\,cm^2$

3
Schreibe in der nächstkleineren Einheit.

a) $5\,m^2$ b) 24 ha c) 4 a d) $32\,cm^2$
e) $53\,dm^2$ f) $7\,km^2$ g) 47 ha h) 567 a
i) $6{,}2\,km^2$ j) $6{,}01\,m^2$ k) 13,7 ha l) 0,3 a

4
Schreibe in der in Klammern angegebenen Einheit.

a) $50\,000\,mm^2$ (dm^2) b) $230\,000\,m^2$ (ha) c) 3 ha (m^2)
d) 340 a (ha) e) $0{,}5\,m^2$ (cm^2) f) 0,375 ha (m^2)
g) $9510\,dm^2$ (a) h) $69\,000\,m^2$ (mm^2) i) 98,02 a (m^2)

5.4 Der Flächeninhalt von Rechtecken

Bei der Flächenberechnung im Alltag spielen hauptsächlich Rechtecke eine Rolle. Wenn du z.B. den Flächeninhalt eines rechteckigen Zimmers bestimmen willst, musst du es nicht mit Kästchen auslegen, sondern du kannst den Flächeninhalt direkt mit einer Formel berechnen.

In diesem Unterkapitel trainierst du die Berechnung des Flächeninhalts von Rechtecken.

So kannst du den Flächeninhalt eines Rechtecks berechnen

Die Vorschrift für den Flächeninhalt eines Rechtecks lautet **Länge mal Breite**.
Allgemein lautet die **Formel** für den Flächeninhalt eines Rechtecks mit den **Seitenlängen a und b**.

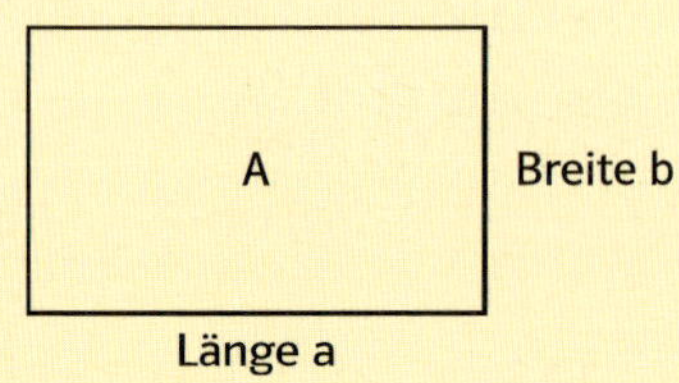

$$A_{\text{Rechteck}} = a \cdot b$$

Erinnere dich an die Potenzen. Es sind $3 \cdot 3 = 3^2$ und $m \cdot m = m^2$

Beispiel:
Berechne den Flächeninhalt eines Rechtecks mit den Seitenlängen $a = 4\,\text{cm}$ und $b = 5\,\text{cm}$.

Lösung: $A = 4\,\text{cm} \cdot 5\,\text{cm}$
$= 20\,\text{cm}^2$

Achtung: Hier werden **zwei** Längen multipliziert. Das Ergebnis ist ein Flächeninhalt, nämlich $20\,\text{cm}^2$.

So kannst du die fehlende Seite berechnen, wenn der Flächeninhalt und eine Seite gegeben sind

Sind der Flächeninhalt und eine Seite gegeben, musst du den Flächeninhalt durch diese Seite teilen, um die Länge der fehlenden Seite zu erhalten.

Beachte
Zum Rechnen müssen die Einheiten zueinander passen!

Beispiel:
Ein Rechteck hat einen Flächeninhalt von $72\,\text{m}^2$. Es ist 9 m lang. Wie breit ist es?
Lösung:
Dividiere den Flächeninhalt durch die Seite, also rechne

$$72\,\text{m}^2 : 9\,\text{m} = 8\,\text{m}$$

1

Berechne den Flächeninhalt eines Rechtecks mit

	a)	b)	c)	d)	e)	f)	g)
Seite a	5 m	20 cm	12 mm	8 cm	12 dm	8 cm	6 dm
Seite b	12 m	6 cm	8 mm	15 cm	25 dm	2 dm	2,5 dm

2

Berechne die fehlenden Größen.

	Länge	**Breite**	**Flächeninhalt**
a)	6 cm	12 cm	
b)	15 m		60 m^2
c)		20 m	20 a
d)	18 dm		306 dm^2

3

Berechne die Größe der Fußballfelder und vergleiche.

a) AOL-Arena Hamburg: 100 m × 65 m

b) Millerntorstadion St. Pauli: 115 m × 75 m

c) Allianz-Arena München: 105 m × 68 m

4

Berechne den Flächeninhalt der Figuren. Unterteile dazu die Figuren in geeignete Rechtecke.

a)

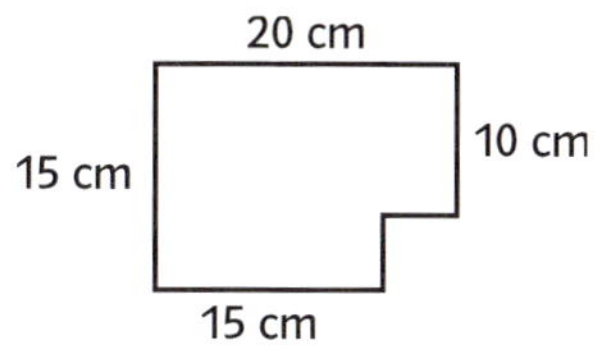

b)

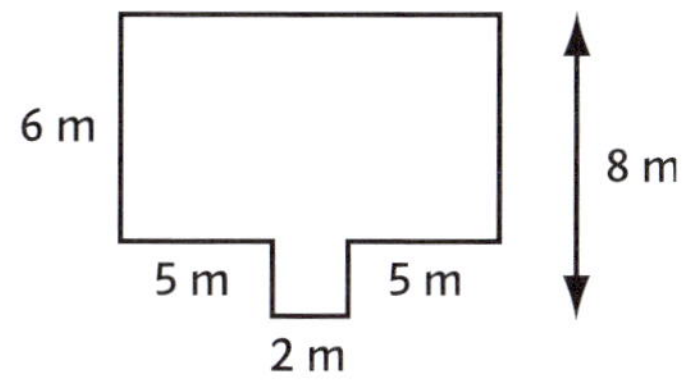

5

Wie ändert sich der Flächeninhalt, wenn

a) eine Seite verdoppelt wird?

b) beide Seiten verdoppelt werden?

c) eine Seite halbiert und die andere verdoppelt wird?

5.5 Flächeninhalt von Dreiecken und Parallelogrammen

Wie für Rechtecke und Quadrate gibt es auch zur Berechnung des Flächeninhalts von Parallelogrammen und Dreiecken Formeln. Sie erhältst du, indem du die Figuren zerlegst oder ergänzt.

In diesem Teilkapitel kannst du üben, wie du den Flächeninhalt von Dreiecken berechnen kannst.

So kannst du den Flächeninhalt von Dreiecken berechnen

Die Höhe ist der Abstand der gegenüberliegenden Seite zur Ecke.

Ein Dreieck kannst du zu einem Rechteck ergänzen mit dem Flächeninhalt Breite mal Höhe. Da dieses Rechteck den doppelten Flächeninhalt wie das Dreieck hat, gilt für den Flächeninhalt des Dreiecks:

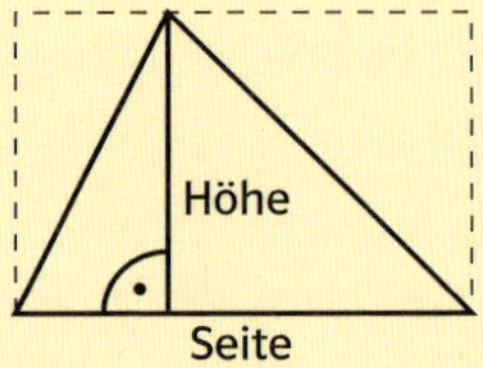

Flächeninhalt = Seite · zugehörige Höhe : 2

Tipp
Drehe das Dreieck so, dass eine Seite parallel zu deiner Tischkante ist.

Beispiel:
Berechne den Flächeninhalt des Dreiecks.

1. Zeichne die Höhe ein. Achte darauf, dass die Höhe in einem rechten Winkel durch die gegenüberliegende Ecke geht.
2. Miss die Seite und die zugehörige Höhe und berechne den Flächeninhalt.

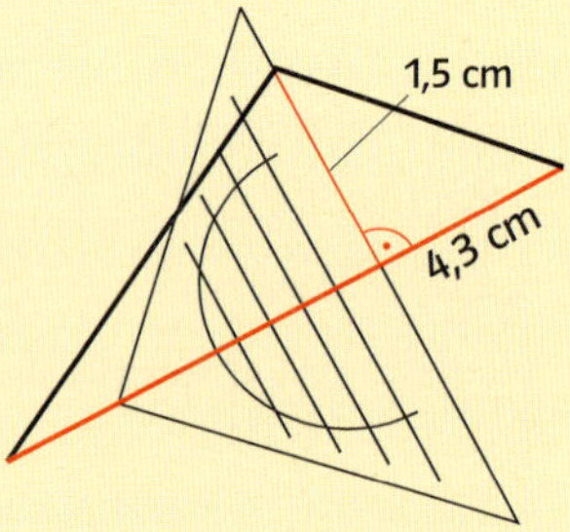

$$
\begin{aligned}
A &= 1{,}5\,\text{cm} \cdot 4{,}3\,\text{cm} : 2 \\
&= 15\,\text{mm} \cdot 43\,\text{mm} : 2 \\
&= 645\,\text{mm}^2 : 2 \\
&= 322{,}5\,\text{mm}^2 \\
&= 3{,}225\,\text{cm}^2
\end{aligned}
$$

1

Zeichne die folgenden Dreiecke in ein Koordinatensystem, miss die benötigten Größen und berechne ihren Flächeninhalt.

a) A(2 | 3); B(6 | 3); C(4 | 5)
b) A(1 | 4); B(6 | 2); C(6 | 6)
c) A(6 | 3); B(9 | 4); C(8 | 7)

2

Welchen Flächeninhalt haben die Dreiecke? Miss dazu die benötigten Größen auf mm genau.

a) 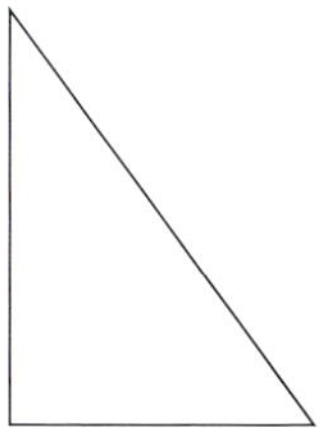
b) 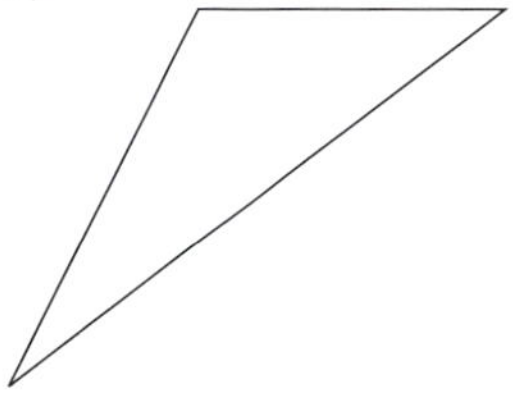
c) 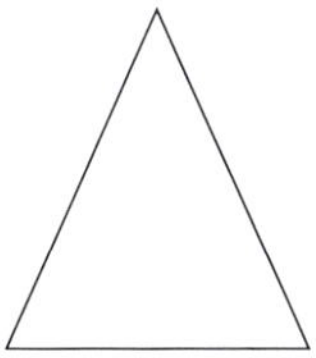

3

Berechne den Flächeninhalt.

a) 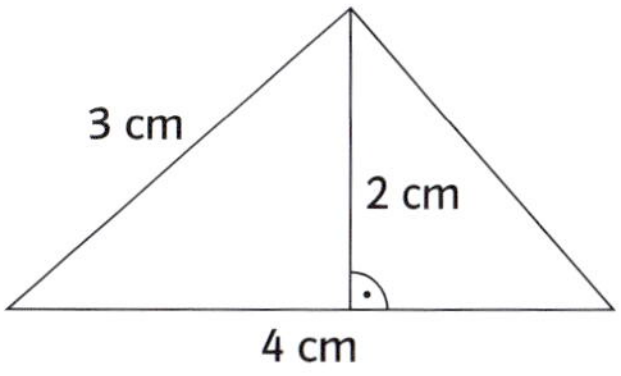

b) 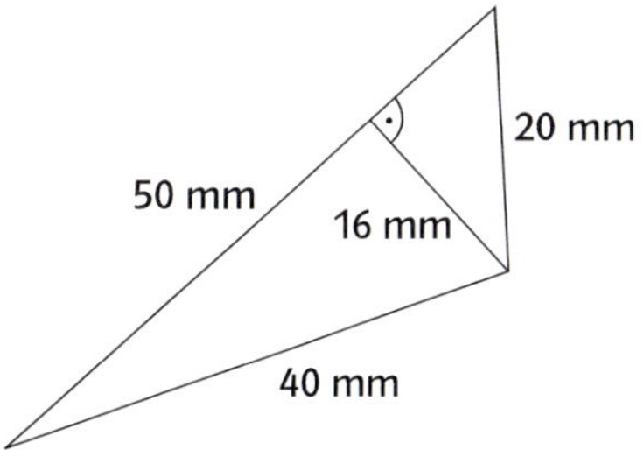

4

Gegeben ist ein Dreieck mit

a) Seitenlänge 6 cm, zugehörige Höhe 5 cm. Berechne den Flächeninhalt.
b) Seitenlänge 4,2 cm; zugehörige Höhe 2,5 cm. Berechne den Flächeninhalt.
c) Flächeninhalt 10 cm^2; Höhe 2 cm. Berechne die zugehörige Seite.
d) Flächeninhalt 16 cm^2; Höhe 8 cm. Berechne die zugehörige Seite.

5

Zeichne zwei Dreiecke mit dem Flächeninhalt 16 cm^2.

So kannst du den Flächeninhalt von Parallelogrammen berechnen

Ein Parallelogramm kannst du durch Abschneiden und Anfügen eines rechtwinkligen Dreiecks in ein Rechteck mit gleichem Flächeninhalt verwandeln.
Deshalb gilt für den Flächeninhalt eines Parallelogramms:

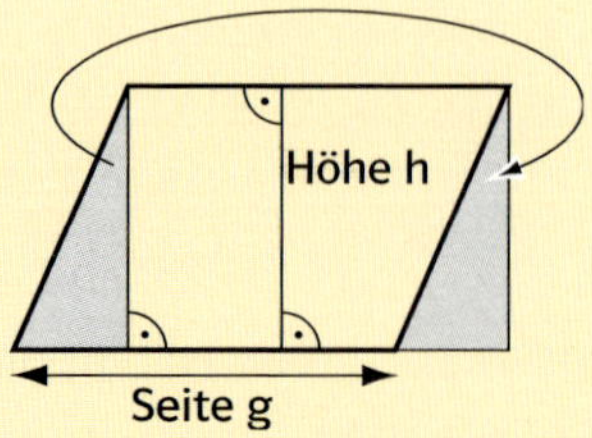

Flächeninhalt = Seite · zugehörige Höhe **$A = g \cdot h$**

Beachte
Die Höhe ist der Abstand zwischen zwei parallelen Seiten. Um sie zu messen, musst du eine Senkrechte einzeichnen.

Beispiel:
Bestimme den Flächeninhalt des Parallelogramms.
1. Zeichne eine Höhe ein. Achte darauf, dass die Höhe **rechtwinklig** zu den Parallelen sein muss.
2. Miss die Höhe und die zugehörige Seite und berechne den Flächeninhalt, indem du **die Seite mit der Höhe multiplizierst**. Achte darauf, dass das Ergebnis eine Flächeneinheit bekommt.

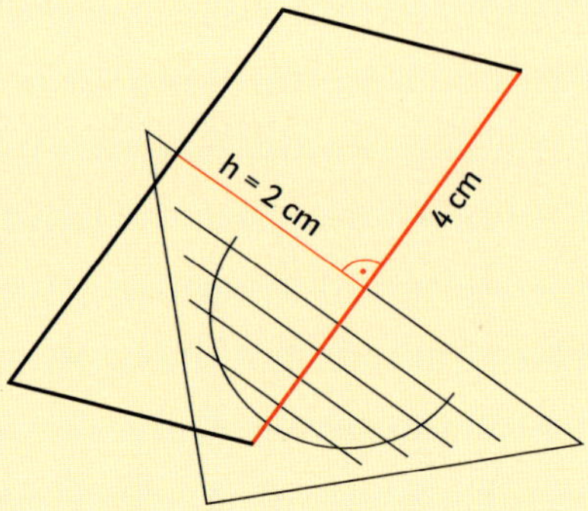

$A = 4\,cm \cdot 2\,cm$
$= 8\,cm^2$

6

Zeichne die Parallelogramme in ein Koordinatensystem (LE 1 cm) und berechne den Flächeninhalt. Miss die dazu benötigten Größen.

a) A(3 | 2); B(7 | 8); C(3 | 5); D(7 | 5)
b) A(1 | 1); B(6 | 1); C(3 | 4); D(8 | 4)
c) A(5 | 1); B(7 | 4); C(3 | 4); D(1 | 1)

7

Welchen Flächeninhalt haben die Parallelogramme? Miss die dazu benötigten Größen auf mm genau.

a)

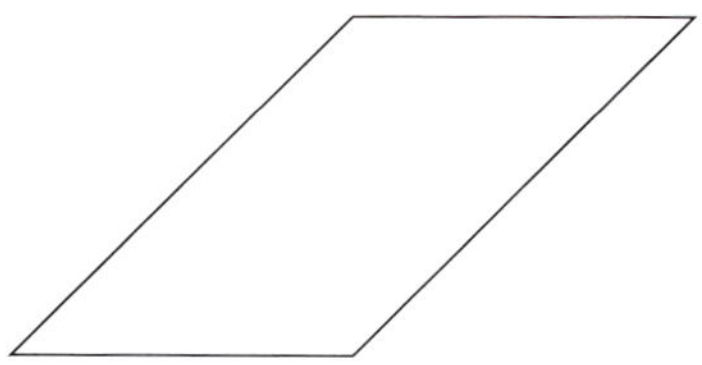

b)

8

Berechne den Flächeninhalt.

a)

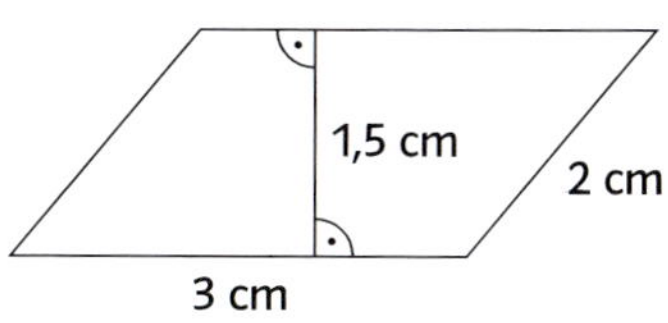

b)

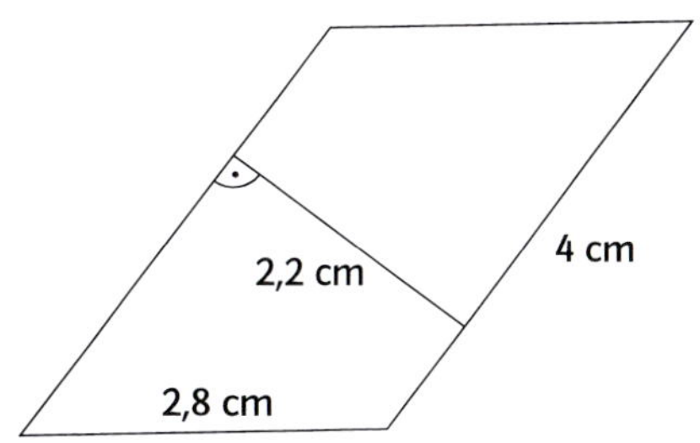

9

Berechne die fehlenden Größen der Parallelogramme.

	a)	b)	c)	d)
g	4 cm		15 dm	15 dm
h	5 cm	5 cm	12 dm	
A		30 cm^2		0,9 m^2

10

Zeichne zwei Parallelogramme mit dem Flächeninhalt 20 cm^2.

5.6 Umfang einer Fläche

Neben dem Flächeninhalt ist noch eine zweite Größe bei Flächen wichtig, der Umfang.

In diesem Abschnitt trainierst du die Berechnung des Umfangs von ebenen Figuren.

Was ist der Umfang einer Fläche?

Der Umfang ist die **Länge der Begrenzungslinien** einer ebenen Figur. Bei ebenen Vielecken kannst du den Umfang berechnen, indem du alle Seitenlängen addierst.

Für das **Rechteck** gibt es eine Formel, mit der du den Umfang schnell berechnen kannst. Es gilt:

Umfang = 2 · Länge und 2 · Breite
= 2 · (Länge und Breite)

oder kurz:

$\mathbf{U = 2 \cdot a + 2 \cdot b = 2 \cdot (a + b)}$

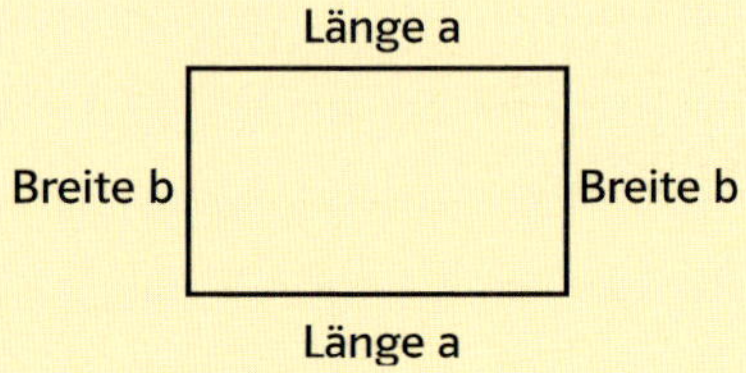

Das **Quadrat** ist ein Sonderfall des Rechtecks. Es gilt:

Umfang = 4 · Länge

oder kurz:

$\mathbf{U = 4 \cdot a}$

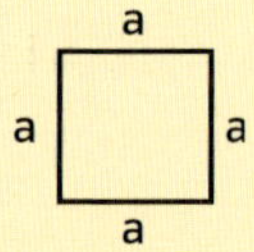

Beispiel:

Bestimme den Umfang der Fläche.

1. Miss alle Seitenlängen. Achte darauf, dass sie die gleiche Einheit haben.
2. Berechne den Umfang, indem du die gemessenen Seitenlängen addierst.

Beachte
*Die Einheit beim Umfang ist immer eine **Längeneinheit**.*

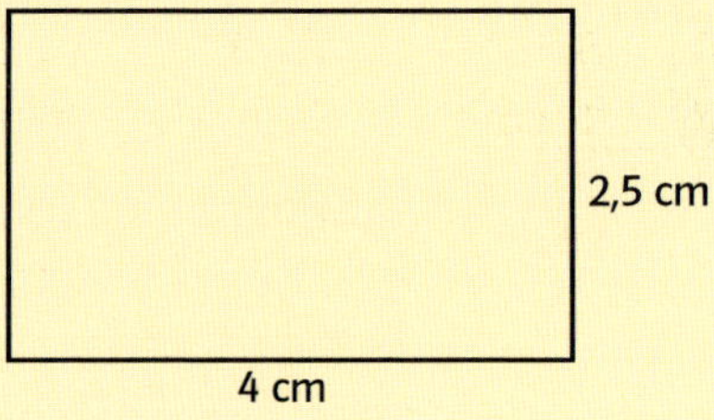

$U = 2 \cdot 4\,\text{cm} + 2 \cdot 2{,}5\,\text{cm}$
$= 8\,\text{cm} + 5\,\text{cm} = \mathbf{13\,cm}$

1

Bestimme jeweils den Umfang.

a) 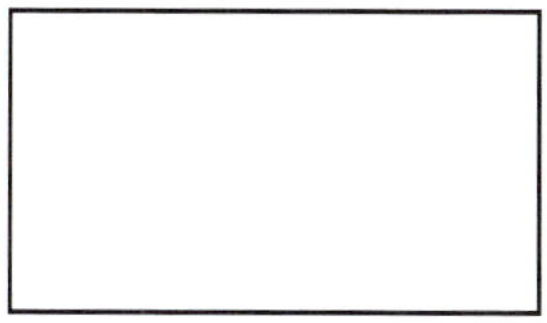

b) 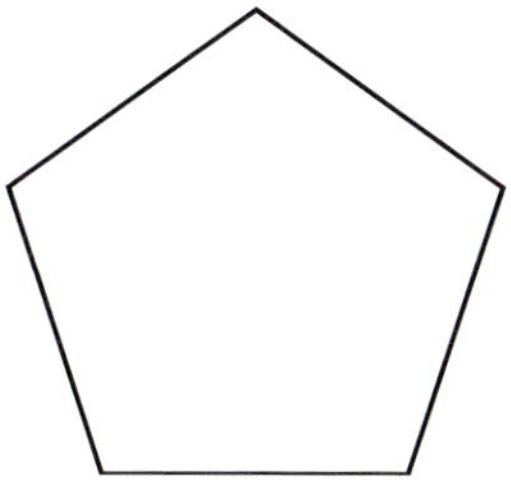

2

Ergänze die Tabelle.

	a)	b)	c)	d)	e)
Figur	**Rechteck**	**Rechteck**	**Quadrat**	**Rechteck**	**Quadrat**
Seite a	12 cm	6 cm	2,5 cm		
Seite b	8 cm	2 cm		5 cm	
Umfang U				30 cm	24 cm

3

Zeichne die Figuren in ein Koordinatensystem und bestimme den Umfang und Flächeninhalt.

a) A(2 | 5); B(5 | 1); C(6 | 6)

b) A(1 | 1); B(5 | 2); C(4 | 6); D(0 | 5)

c) A(3 | 1); B(5 | 0); C(5 | 6); D(3 | 7)

d) A(3 | 0); B(8 | 1); C(7 | 3); D(2 | 2)

4

Zeichne eine Fläche mit dem Flächeninhalt A und dem Umfang U.

	a)	b)	c)	d)	e)	f)
A	5 cm²	4 cm²	6 cm²	6 cm²	6 cm²	8 cm²
U	12 cm	8 cm	11 cm	10 cm	14 cm	12 cm

5.7 Vermischte Aufgaben

1

Berechne den Flächeninhalt der Figuren.

a)

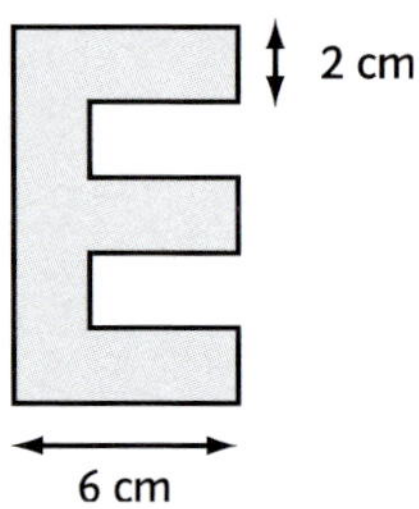

b)

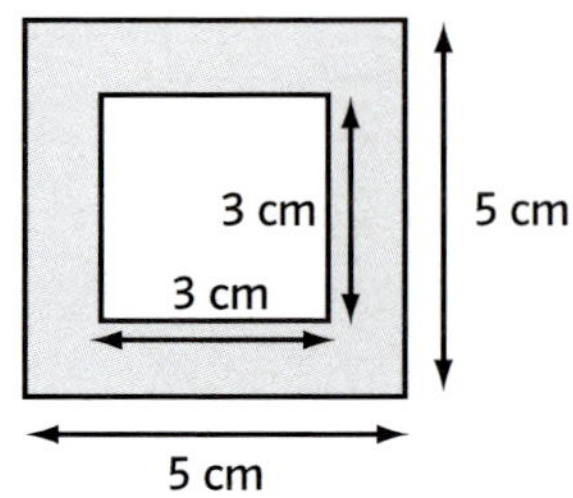

2

Bestimme den Umfang und berechne den Flächeninhalt.

a)

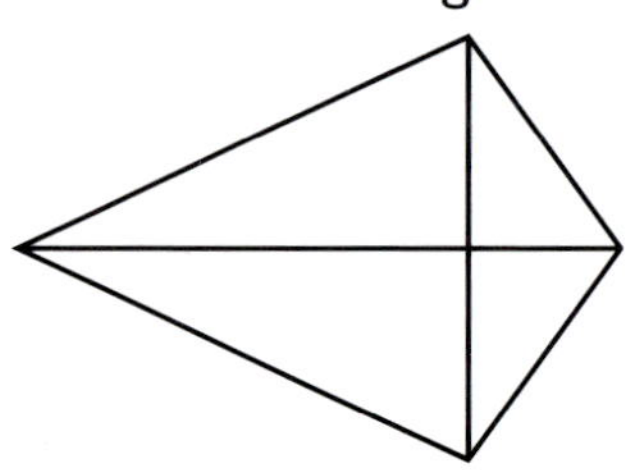

b)

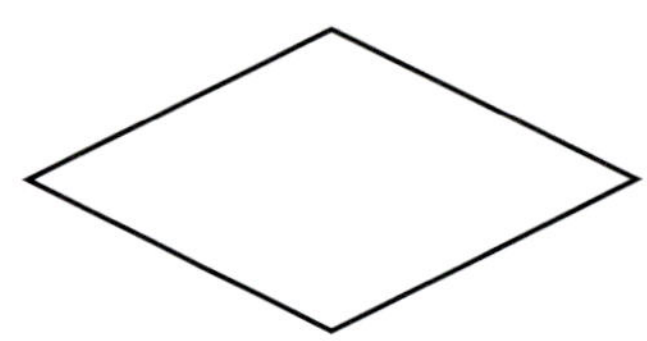

3

Tipp
Zerlege die Figuren in Teilfiguren, so dass du den Flächeninhalt berechnen kannst.

Bestimme den Flächeninhalt der Figuren. Miss dazu geeignete Strecken.

a)

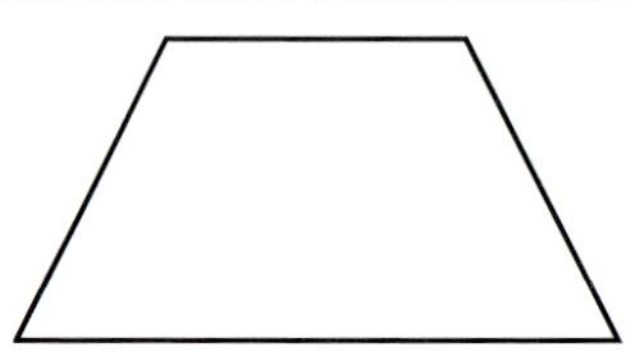

b)

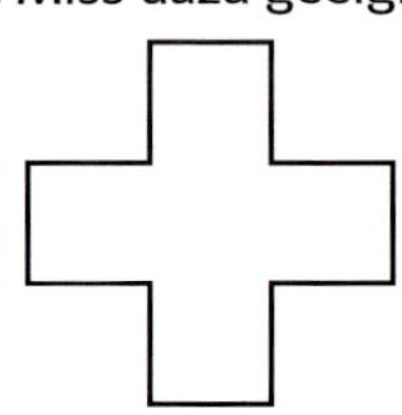

c)

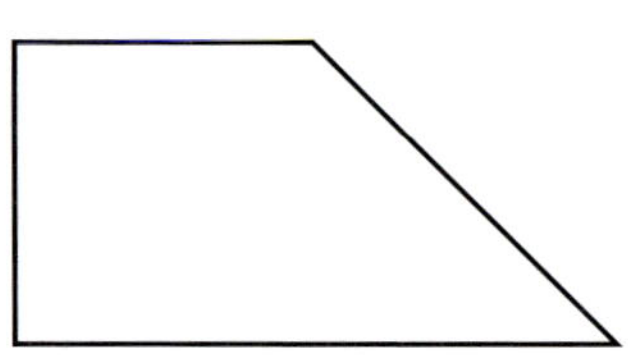

d)

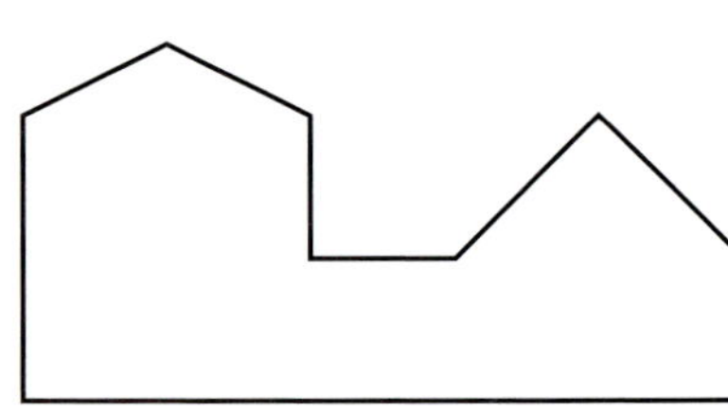

4

Bauer Wiese möchte aus einem Acker eine Pferdekoppel machen.

a) Wie viel m Zaun benötigt er?

b) Wie viel Ar Rasenfläche hat die neue Koppel?

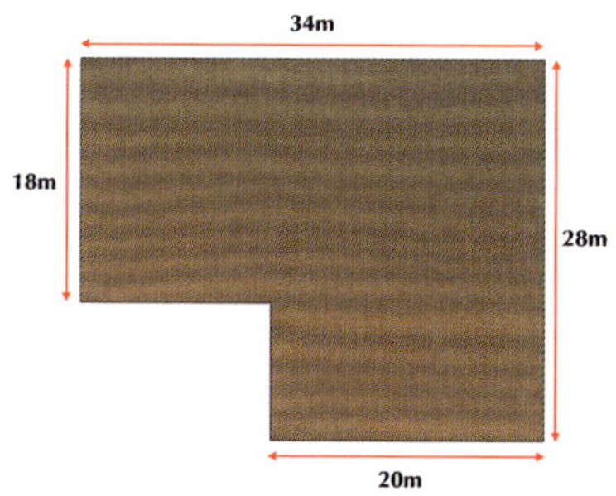

5

Die Außenfassade eines Fabrikgebäudes soll gestrichen werden. Wie teuer ist die benötigte Farbe?

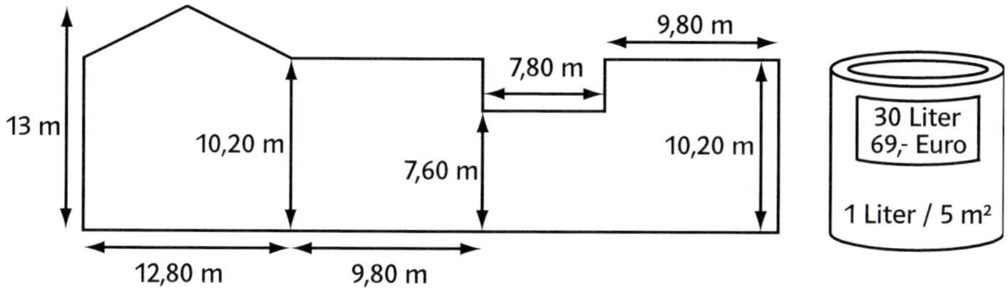

1

Schreibe in der in Klammern angegebenen Einheit.

a) 5 ha (a) b) 32 km^2 (ha) c) 12 cm^2 (mm^2) d) 7 ha (m^2)

Punkte: max.4

e) 6,71 ha (m^2) f) 4,05 a (m^2) g) 9,7 mm^2 (cm^2) h) 0,8 m^2 (dm^2)

2

Zeichne eine Fläche mit dem angegebenen Flächeninhalt.

Punkte: max.2

a) 18 cm^2 b) 0,3 dm^2

3

Ein Rechteck hat die Seitenlängen a und b. Berechne seinen Flächeninhalt und seinen Umfang.

Punkte: max.3

a) a = 9 cm; b = 6 cm b) a = 15 m; b = 12 m c) a = 2,1 dm; b = 10 cm

4

Bestimme den Flächeninhalt und den Umfang der Figuren. Miss die dazu benötigten Strecken.

a)

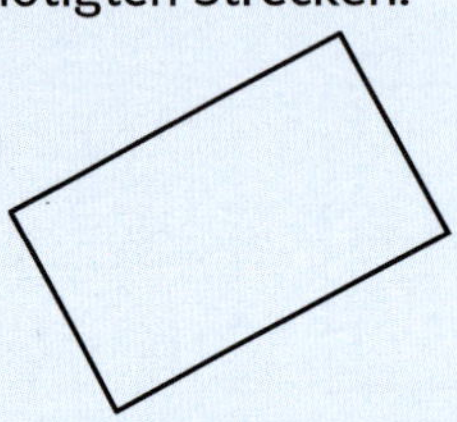

b)

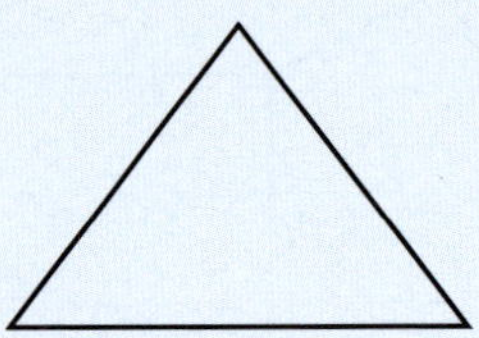

c)

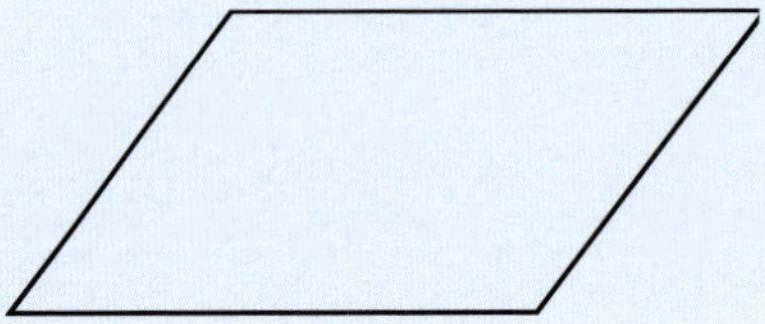

d)

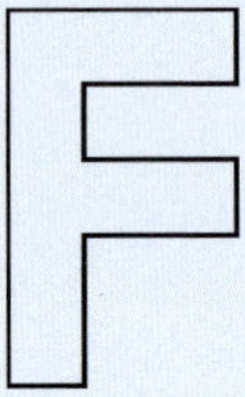

Punkte: max.2

5

Das Kinderzimmer soll einen neuen Teppich und eine neue Fußleiste bekommen. Ein Quadratmeter Teppich kostet im Angebot 9 €, ein Meter Fußleiste kostet 4,50 €. Wie teuer wird die Renovierung?

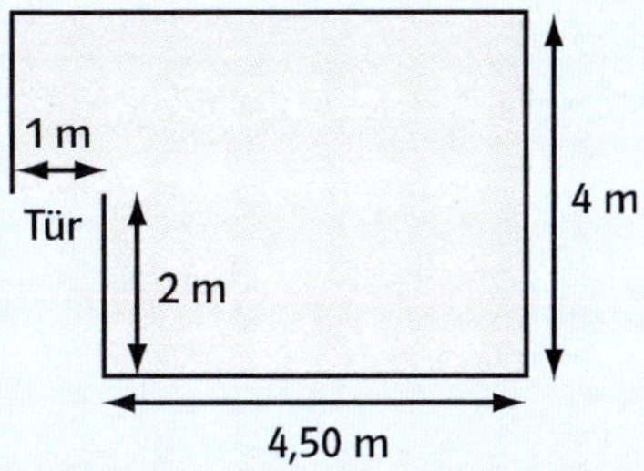

Punkte: max. 4

6

Gib die Flächeninhalte in einer größeren Einheit an. Nenne Gegenstände, die ungefähr den gleichen Flächeninhalt haben.

a) 200 ha b) 1500 dm^2 c) 25 mm^2 d) 1140 cm^2

Punkte: max. 4

7

Zeichne die Figuren in ein Koordinatensystem und bestimme ihren Flächeninhalt und Umfang.

a) A(3 | 1); B(6 | 6); C(1 | 4)
b) A(1 | 3); B(5 | 3); C(6 | 5); D(0 | 5)
c) A(1 | 1); B(6 | 0); C(7 | 4); D(2 | 5)

Punkte: max. 3

8

Bestimme näherungsweise den Flächeninhalt Australiens.

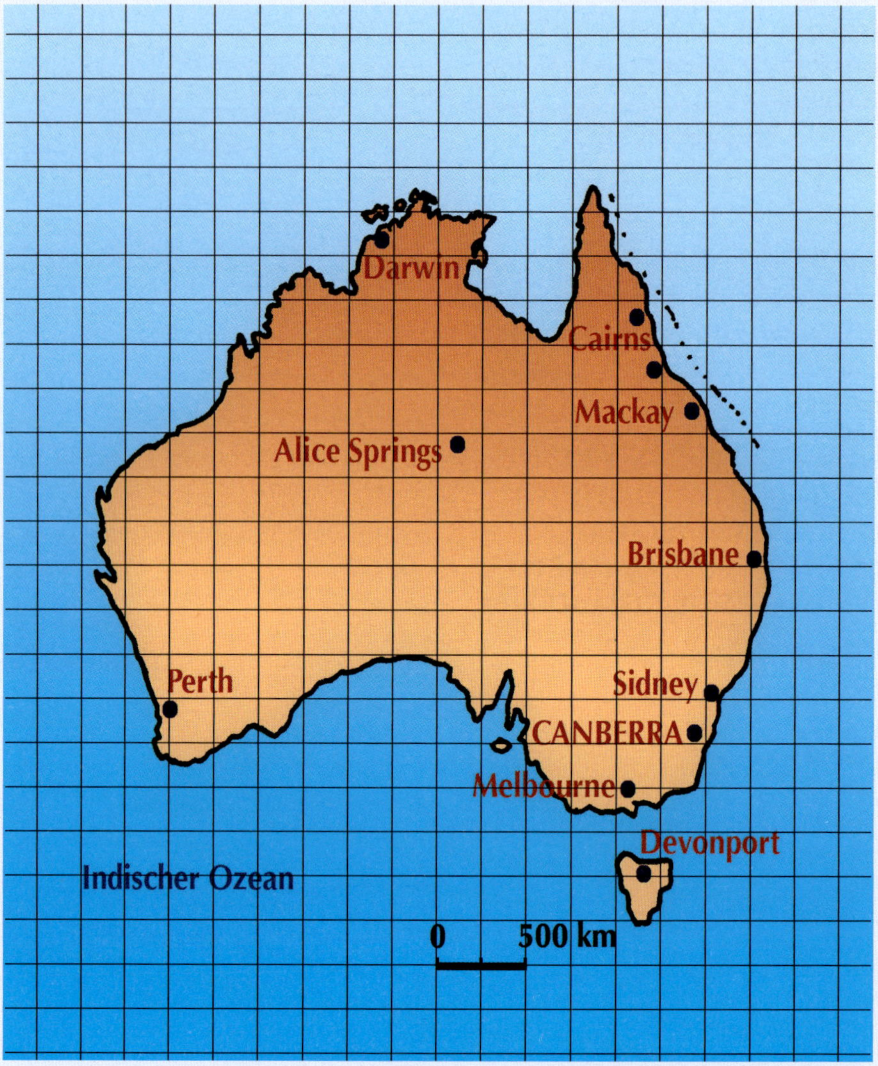

Punkte: max. 2

Gesamtpunkte: max. 24

Aufgaben Nummer	**erreichte Punktzahl von (...)**	**Lernerfolg**	**Lernabschnitt abhaken ✓**
1	____ (4)	Wenn du beim Umwandeln von Größen die volle Punktzahl hast, kannst du das Kapitel „Flächeneinheiten" abhaken.	5.3
2 6	____ (2) ____ (4)	Wenn du bei beiden Aufgaben die volle Punktzahl hast, ist dein Vorstellungsvermögen von Flächen schon sehr gut.	5.2
3 5	____ (3) ____ (4)	Hier konntest du zeigen, ob du die Berechnung von Fläche und Umfang von Rechtecken beherrschst.	5.4 5.6
4 7	____ (2) ____ (3)	Wenn du volle Punktzahl hast, dann kannst du sicher den Flächeninhalt von Dreiecken und Parallelogrammen berechnen.	5.5
8	____ (2)	Das Kapitel „Flächen" kannst du endgültig abhaken, wenn du auch bei dieser komplexen Aufgabe die volle Punktzahl erhalten hast.	5.1 – 5.7

19 – 24 Punkte	**13 – 18 Punkte**	**0 – 12 Punkte**
Prima, du hast dieses Kapitel gut verstanden! Nun kannst du das nächste Kapitel üben.	Du hast viel gelernt, aber es könnte auch besser sein. Wiederhole die Lernabschnitte noch einmal, die in deiner Checkliste nicht abgehakt sind.	Es gibt bei dir noch viele Unsicherheiten. Du musst noch mehr üben! Wiederhole die Lernabschnitte noch einmal, die in deiner Checkliste nicht abgehakt sind.

6 Körper und Körperberechnungen

6.1 Geometrische Körper und ihre Grundformen

Im Alltag kommen Körper in vielen geometrischen Formen vor, die sich beispielsweise durch ihre Größe, Farbe oder ihr Gewicht unterscheiden. In der Geometrie kommt es nur auf die Form an.

In diesem Kapitelteil wiederholst du die Eigenschaften, Beschreibung und Darstellung geometrischer Körper.

Welche geometrischen Grundkörper gibt es?

Im Alltag kommen diese Körper oft nicht in der idealen Form vor.

Prismen

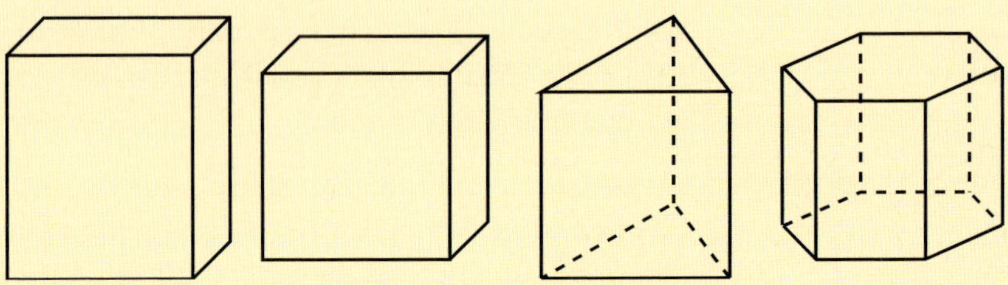

Quader — Würfel — Dreieckprisma — Sechseckprisma

Pyramiden

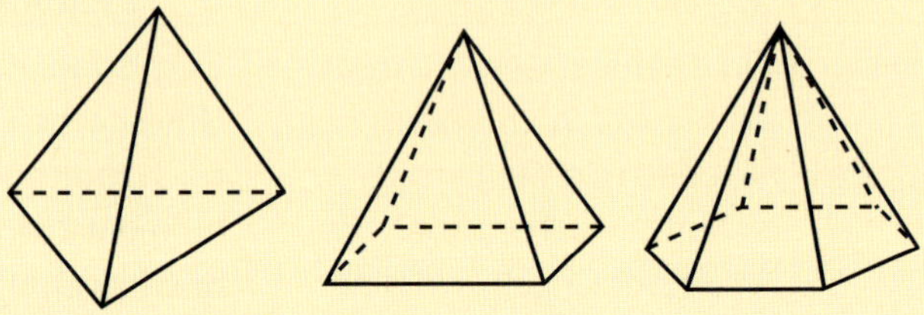

Dreieckpyramide — Viereckpyramide — Sechseckpyramide

Sonstige

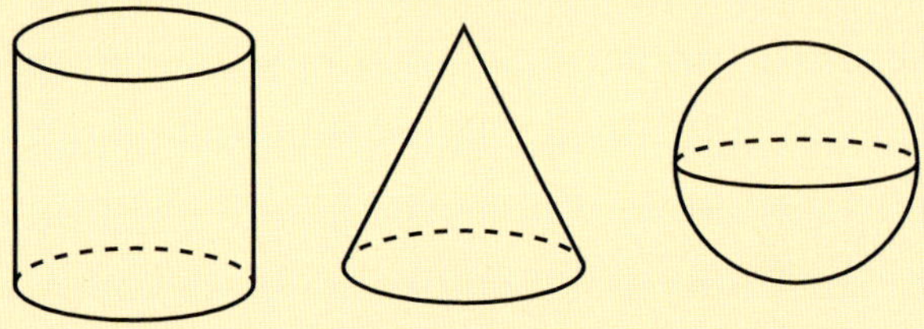

Zylinder — Kegel — Kugel

Körper werden von ebenen oder gekrümmten **Flächen** begrenzt. Zwei aneinander stoßende Flächen bilden eine **Kante**. Aufeinander treffende Kanten bilden eine **Ecke**.

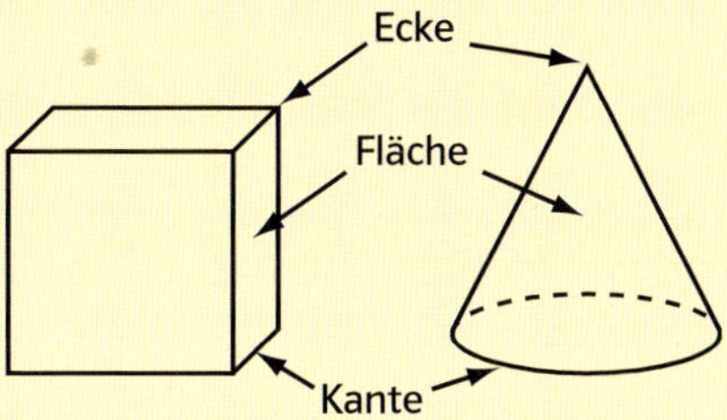

Beispiele:

a) Ein Quader hat 6 Flächen, 12 Kanten und 8 Ecken.
b) Ein Kegel hat 2 Flächen, 1 Kante und 1 Ecke.

1

Fülle die Tabelle aus.

Körper	Anzahl der Flächen	Anzahl der Kanten	Anzahl der Ecken
Würfel			
Dreieckprisma			
Sechseckprisma			
Dreieckpyramide			
Viereckpyramide			
Sechseckpyramide			
Zylinder			
Kugel			

2

Geometrische Körper stehen aufgrund ihrer Eigenschaften Modell für viele Alltagsgegenstände. Schau dich einmal genauer um und überprüfe, welche geometrischen Körper im Alltag Verwendung finden. Welche Eigenschaften waren ausschlaggebend dafür?

6.2 Raumvorstellung – Schrägbilder

Damit du dir auch auf dem Papier eine Vorstellung eines Körpers machen kannst, kannst du den Körper als Schrägbild darstellen.

Im folgenden Abschnitt trainierst du das richtige Zeichnen eines Schrägbildes.

Wie zeichnet man ein Schrägbild eines Quaders?

Beispiel:
Quader mit a = 3 cm; b = 2 cm; c = 4 cm

Nimm zum Zeichnen immer einen spitzen Bleistift.

1. Zeichne die Vorderfläche mit den richtigen Maßen.

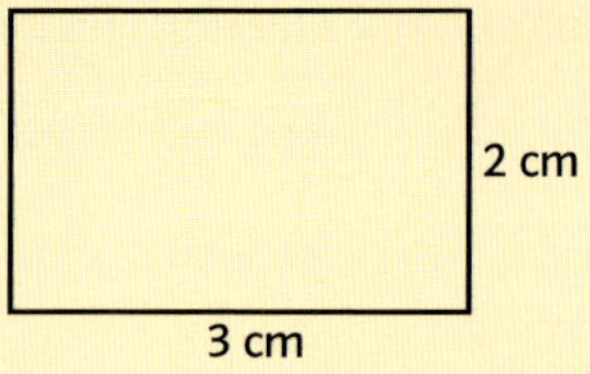

2. Zeichne die nach hinten verlaufenden Kanten schräg nach rechts und verkürzt (für 1 cm jeweils 1 Kästchendiagonale). Nicht sichtbare Kanten zeichnest du sehr dünn oder gestrichelt.

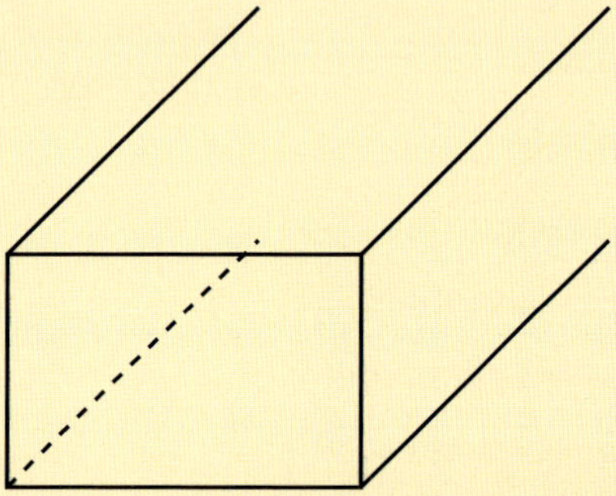

3. Vervollständige das Schrägbild, indem du die fehlenden Kanten zeichnest.
   Soll der Quader undurchsichtig sein, radierst du die verdeckten Kanten aus.

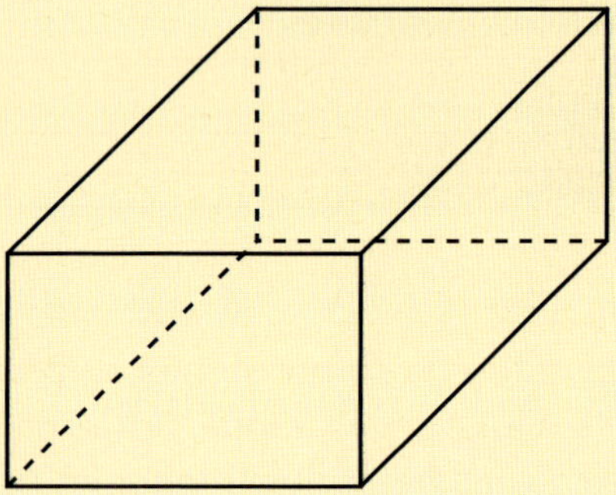

1

Zeichne das Schrägbild
a) eines Würfels mit Kantenlänge 4 cm.
b) eines Quaders mit Breite 2 cm, Höhe 3 cm und Länge 5 cm.
c) eines Quaders mit Breite 4 cm, Höhe 1 cm und Länge 4 cm.

2

Zeichne Schrägbilder der Figuren.

a) b) c)

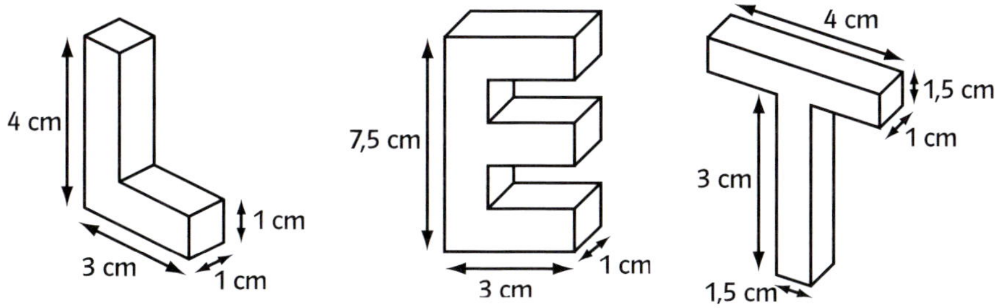

3

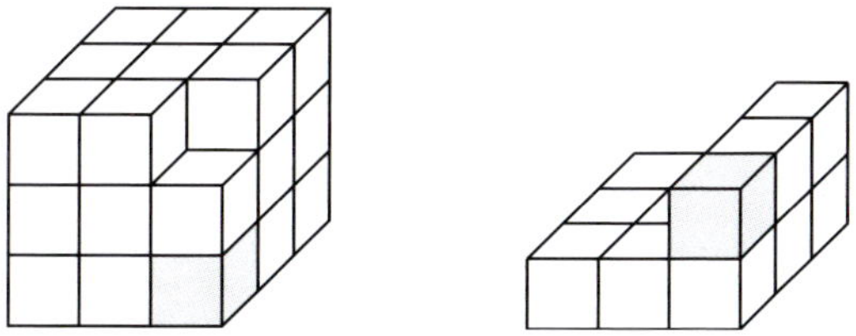

a) Zeichne die Schrägbilder der Würfelfiguren in Originalgröße.
b) Zeichne die Schrägbilder nun so, dass sich der gefärbte Würfel hinten rechts befindet.

6.3 Quader und ihre Netze

Körper kannst du besonders gut begreifen, wenn du sie selbst bastelst. Mathematiker nennen einen zusammenhängenden Bauplan für einen Körper ohne Klebelaschen Netz.

Auf der folgenden Seite trainierst du
- das Zeichnen von Körpernetzen,
- deine Vorstellung von Körpern.

Was ist ein Körpernetz?

Wird ein Körper entlang seiner Kanten aufgeschnitten und können alle Begrenzungsflächen in die Ebene ausgebreitet werden, so erhält man sein **Netz**.

Beispiele:

Netz eines Quaders

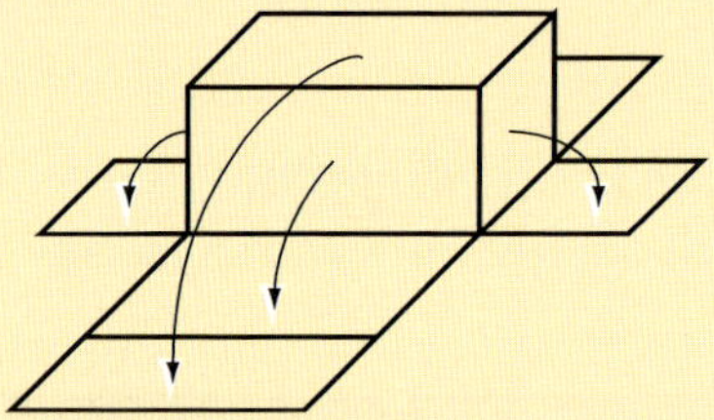

Netz eines Zylinders

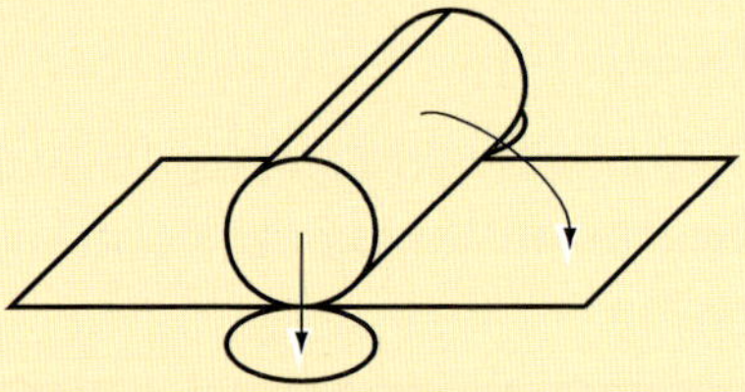

Hast du umgekehrt ein Körpernetz und willst dir den zugehörigen Körper gedanklich vorstellen, so suchst du dir zuerst eine möglichst zentral gelegene Fläche. Klappe dann in Gedanken die übrigen Flächen zu dieser Fläche hin.

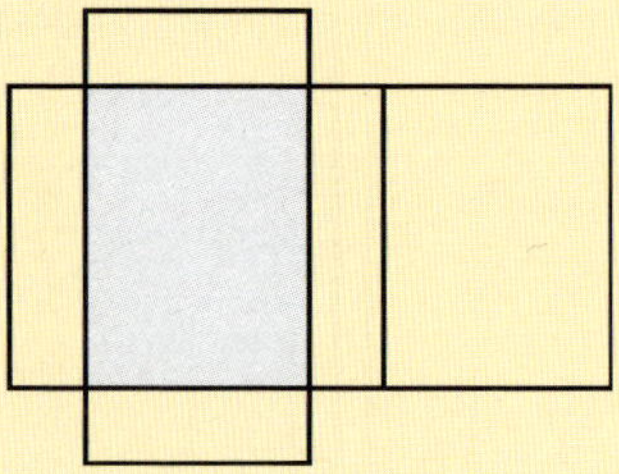

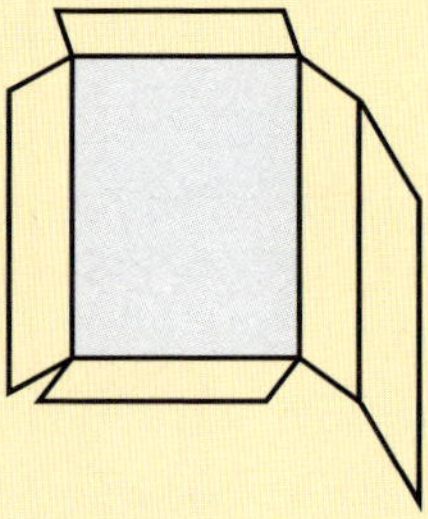

1
Zu welchen geometrischen Grundkörpern gehören die Netze?

a) 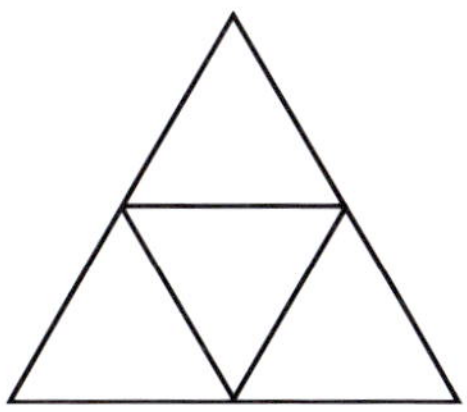

b) 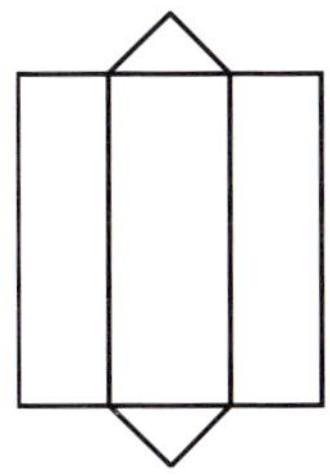

c) 

2
Welche Netze gehören zu einem Würfel?

a) 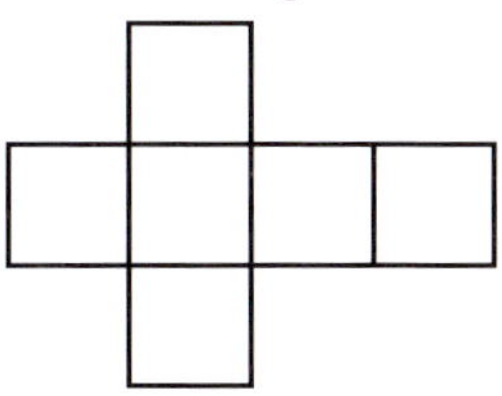

b) 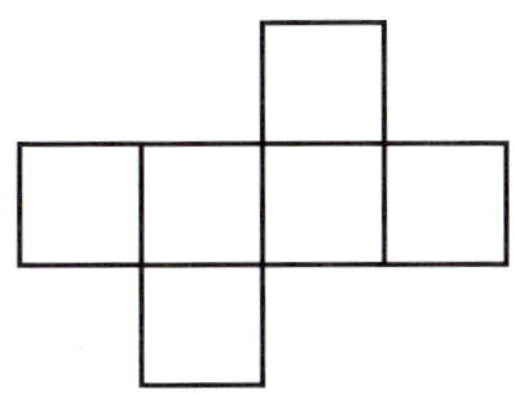

c) 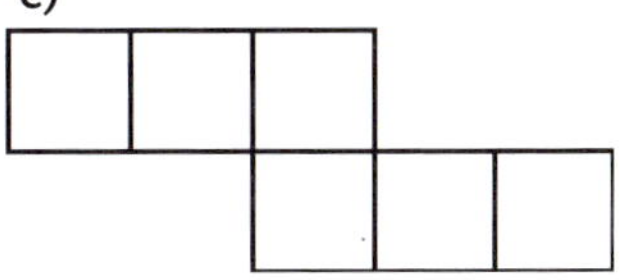

d) 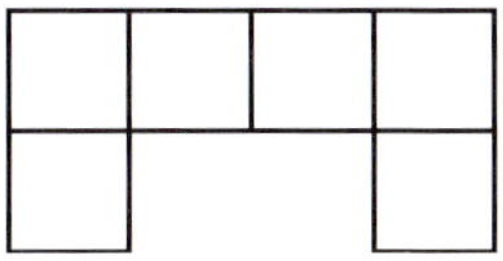

e) 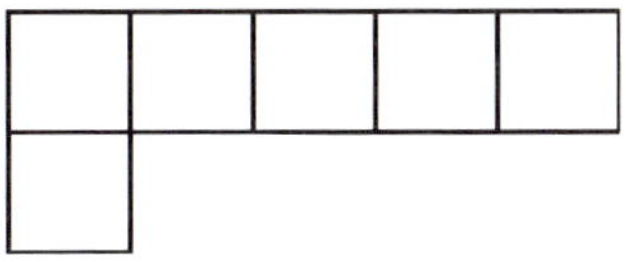

3
Zeichne das Netz

a) eines Würfels mit Kantenlänge 4 cm.
b) eines Quaders mit Breite 2 cm, Höhe 3 cm und Länge 5 cm.
c) eines Quaders mit Breite 4 cm, Höhe 1 cm und Länge 4 cm.

4
Zeichne die Netze der Quader und übertrage die Linien in die Netze.

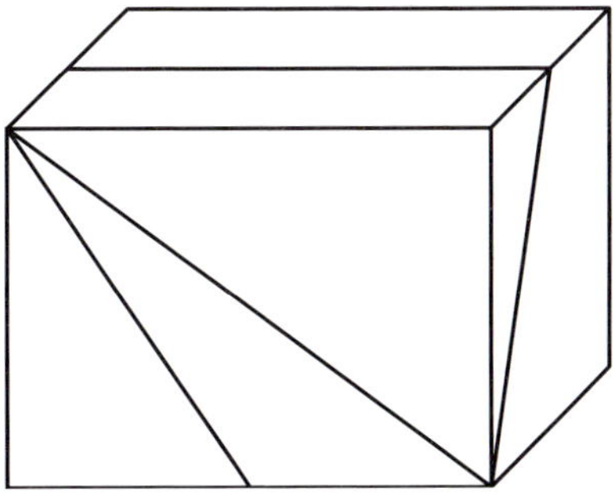

6.4 Volumen (Rauminhalt) von Quadern

Gefäße wie Flaschen, Eimer und Gläser kannst du mit Flüssigkeiten ausfüllen und so den Rauminhalt vergleichen. Aber auch Vollkörper füllen einen Raum aus. Sowohl für Gefäße wie auch für Vollkörper gelten dieselben Maße für die Größe des Rauminhalts.

Im folgenden Abschnitt übst du
- das Bestimmen und Messen von Rauminhalten,
- den Größenvergleich von Körpern.

Wie bestimmt man den Rauminhalt von Körpern?

Den Rauminhalt eines Körpers nennt man auch **Volumen**.
Ein Würfel mit der Kantenlänge 1 cm hat das Volumen **1 cm³** (sprich **Kubikzentimeter**). Kannst du einen Körper in solche Würfel zerlegen, musst du nur die entstandenen Würfel abzählen.

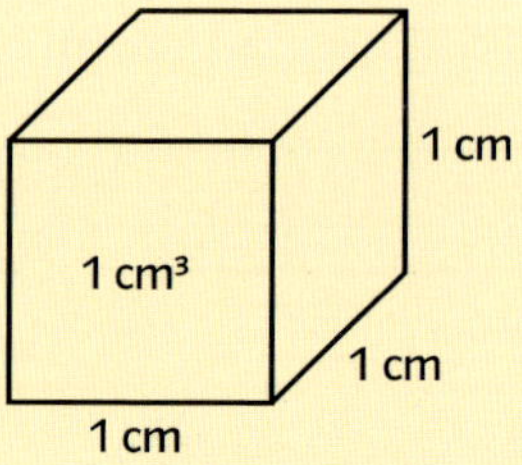

Beispiel:

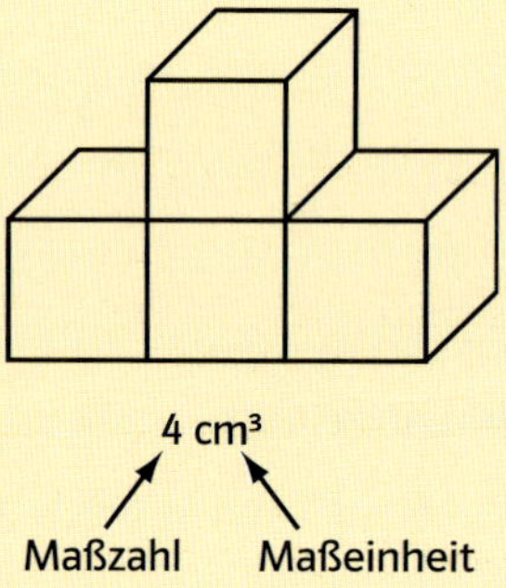

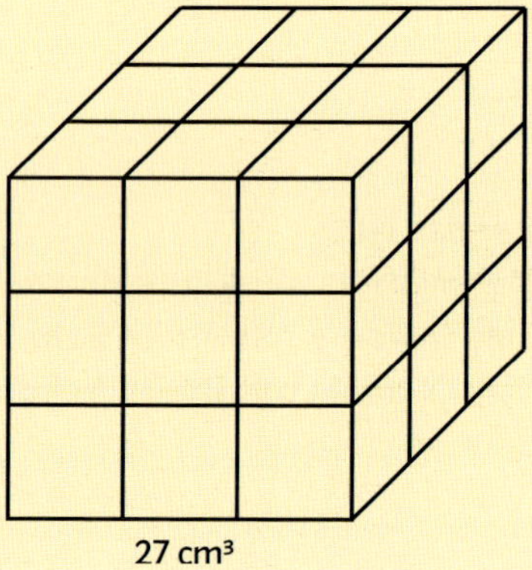

1

Die Kanten der Würfel sind jeweils 1 cm lang. Bestimme das Volumen der abgebildeten Körper.

a)

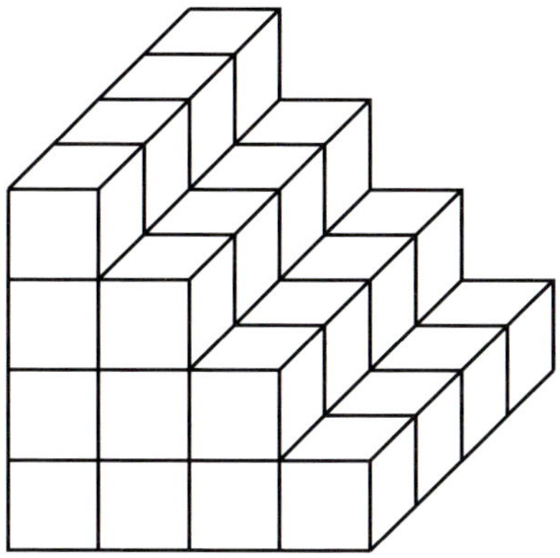

b)

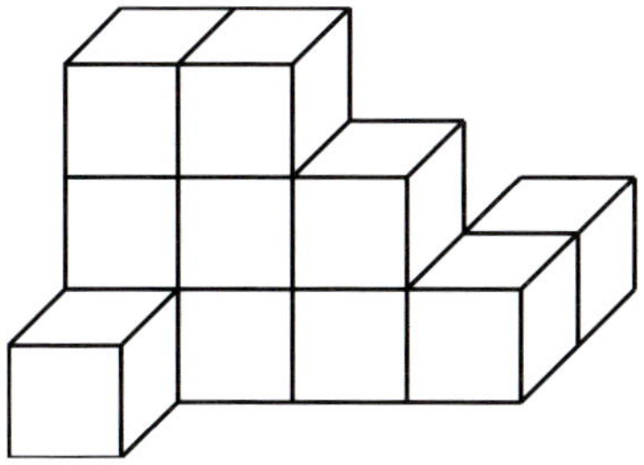

2

Zeichne das Schrägbild eines Quaders mit dem Volumen

a) 10 cm³   b) 15 cm³   c) 20 cm³

3

Zeichne das Schrägbild

a) eines Quaders mit dem Volumen 16 cm³.

b) eines Quaders mit dem Volumen 30 cm³.

6.5 Volumeneinheiten

Im letzten Abschnitt hast du dich mit der Volumeneinheit cm^3 vertraut machen können. Jetzt ist es an der Zeit, dass du auch mit den anderen Volumeneinheiten umgehst.

Deshalb trainierst du in diesem Kapitel
- das Umrechnen von Volumeneinheiten,
- das Rechnen mit Rauminhalten.

Übersicht über die Volumeneinheiten

Ein Würfel mit Kantenlänge 1 cm hat das Volumen $1\,\text{cm}^3$. Dementsprechend hat ein Würfel mit Kantenlänge 1 dm das Volumen $1\,\text{dm}^3$. Er besteht aus $10 \cdot 10 \cdot 10 = 1000$ Kubikzentimeterwürfeln.

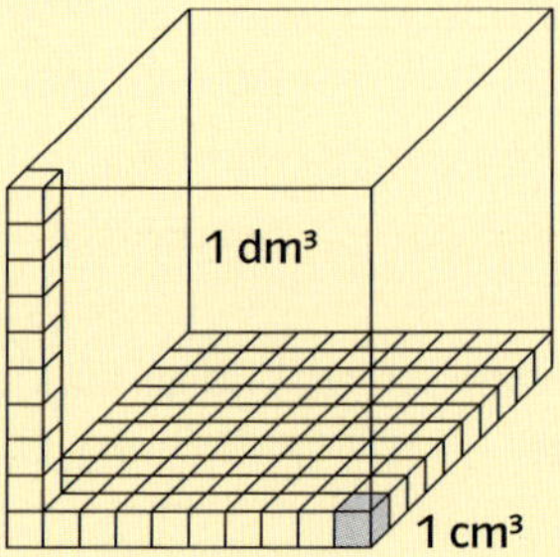

Also gilt:

(jeweils Faktor 1000 von einer Einheit zur nächsten)

$1\,\text{m}^3$	$1\,\text{dm}^3 = 1\,\text{l}$	$1\,\text{cm}^3 = 1\,\text{ml}$	$1\,\text{mm}^3$
$= \mathbf{1000}\,\text{dm}^3$	$= \mathbf{1000}\,\text{cm}^3$	$= \mathbf{1000}\,\text{mm}^3$	

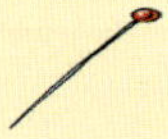

Stecknadelkopf

So wandelst du Volumeneinheiten um

Beim Umwandeln in eine **größere Einheit streichst du 3 Nullen** oder verschiebst das **Komma um 3 Stellen nach links.**
Beim Umwandeln in eine **kleinere Einheit hängst du 3 Nullen an** oder verschiebst das **Komma um 3 Stellen nach rechts.**

Beispiele:

a) $5000\,\text{mm}^3 = 5\,\text{cm}^3$
b) $12\,000\,\text{l} = 12\,000\,\text{dm}^3 = 12\,\text{m}^3$
c) $45\,\text{cm}^3 = 0{,}045\,\text{dm}^3$
d) $205\,\text{mm}^3 = 0{,}205\,\text{cm}^3$
e) $3\,\text{cm}^3 = 3000\,\text{mm}^3$
f) $34\,\text{l} = 34\,000\,\text{ml} = 34\,000\,\text{cm}^3$
g) $6{,}7\,\text{m}^3 = 670\,\text{dm}^3$
h) $0{,}08\,\text{cm}^3 = 80\,\text{mm}^3$

1

Ordne den Gegenständen die Einheit zu, die deiner Meinung nach am besten den Rauminhalt angibt.

2

Schreibe in der nächstgrößeren Einheit.

a) $3000\,cm^3$ b) $63000\,dm^3$ c) $538\,000\,mm^3$
d) 82 000 ml e) 4000 l f) $700\,mm^3$
g) $50\,cm^3$ h) $6\,dm^3$ i) 120 ml
j) $743{,}1\,dm^3$ k) $42{,}01\,mm^3$ l) 1490,1 ml

3

Schreibe in der nächstkleineren Einheit.

a) $5\,cm^3$ b) $34\,m^3$ c) $201\,dm^3$
d) $17\,cm^3$ e) 91 l f) 8 l
g) 41 ml h) $2{,}5\,m^3$ i) $0{,}7\,dm^3$
j) $0{,}04\,cm^3$ k) $0{,}007\,dm^3$ l) 3,05 l

4

Schreibe in der in Klammern angegebenen Einheit.

a) $20\,m^3$ (dm^3) b) $29\,000\,cm^3$ (dm^3) c) $13\,000\,cm^3$ (l)
d) $3750\,m^3$ (dm^3) e) $4\,000\,000\,cm^3$ (m^3) f) $3{,}75\,cm^3$ (mm^3)
g) $52\,610\,000\,mm^3$ (l) h) 0,45 l (ml) i) $9{,}99\,cm^3$ (mm^3)
j) $420\,dm^3$ (m^3) k) $4\,701\,000\,cm^3$ (m^3) l) $923\,000\,000\,mm^3$ (m^3)

6.6 Berechnungen an Quadern

Viele Alltagsgegenstände wie Verpackungen haben die Form von Quadern.

Deshalb trainierst du in diesem Abschnitt
- die Volumenberechnung von Quadern
- die Oberflächenberechnung von Quadern

So berechnest du das Volumen von Quadern

Beachte
Sind das Volumen und die Grundfläche gegeben und wird die Höhe gesucht, musst du das Volumen durch die Grundfläche teilen.

Miss oder bestimme Länge, Breite und Höhe des Quaders und multipliziere sie.
Achte darauf, dass das Ergebnis die richtige Volumeneinheit hat.
Bezeichnest du die Längen mit a, b und c, so gilt die Formel:

$$\mathbf{V_{Quader} = a \cdot b \cdot c}$$

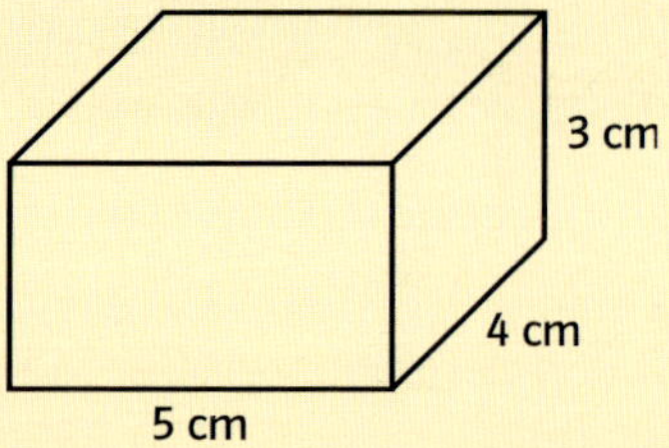

$V = 5\,cm \cdot 4\,cm \cdot 3\,cm = 60\,cm^3$

Was ist die Oberfläche?

Mit der Oberfläche bezeichnet man **alle Begrenzungsflächen** eines Körpers.
Die Oberfläche eines Quaders besteht also aus allen sechs Flächen, die zum Netz des Quaders gehören.
Für die Oberfläche eines Quaders gilt also:
Oberfläche = 2 · Grundfläche + 2 · Seitenfläche + 2 · Vorderfläche
oder als Formel

$$O = 2 \cdot a \cdot b + 2 \cdot b \cdot c + 2 \cdot a \cdot c = 2 \cdot (a \cdot b + b \cdot c + a \cdot c)$$

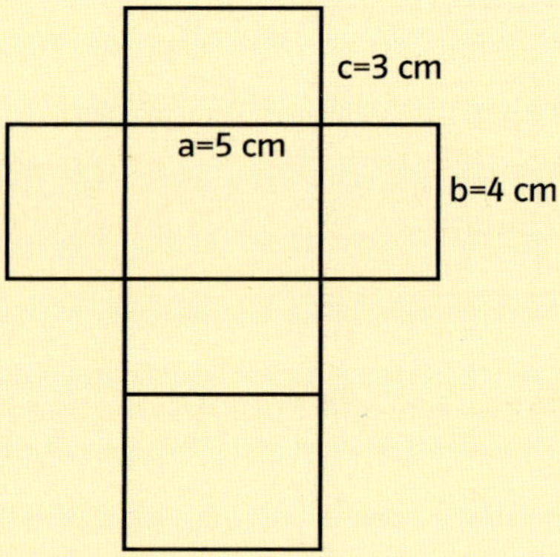

$$\begin{aligned} O &= 2 \cdot (5\,cm \cdot 4\,cm + 4\,cm \cdot 3\,cm + 5\,cm \cdot 3\,cm) \\ &= 2 \cdot (20\,cm^2 + 12\,cm^2 + 15\,cm^2) \\ &= 2 \cdot (47\,cm^2) = \mathbf{94\,cm^2} \end{aligned}$$

1

Berechne Volumen und Oberfläche der Quader.

a)

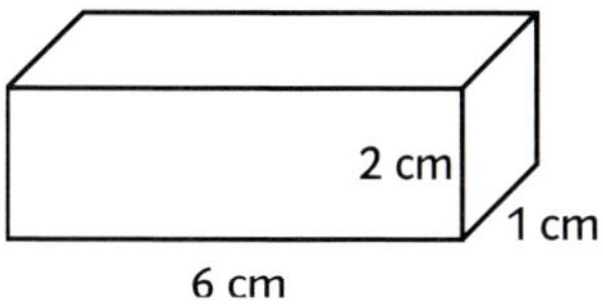

b)

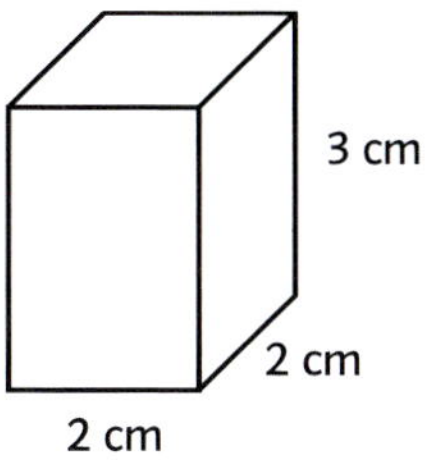

c)

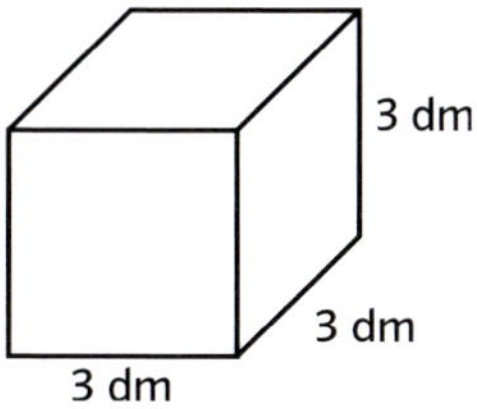

d)

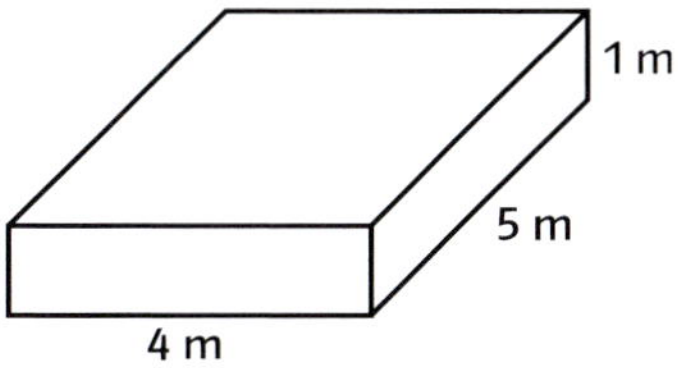

2

Berechne die fehlenden Größen der Quader.

Achte darauf, dass alle Längen die gleiche Einheit haben.

	Länge	Breite	Höhe	Volumen	Oberfläche
a)	5 cm	12 cm	8 cm		
b)	3 dm	15 cm	10 cm		
c)	5 m	12 m		120 m^3	
d)	7 dm	2 dm		84 l	

3

Bestimme Volumen und Oberfläche der Quader, die zu den Netzen gehören.

Tipp
Zur Vertiefung kannst du auch noch die Schrägbilder zeichnen.

a)

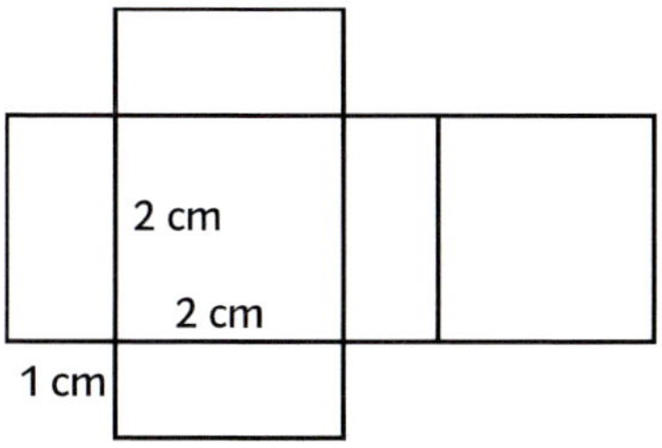

b)

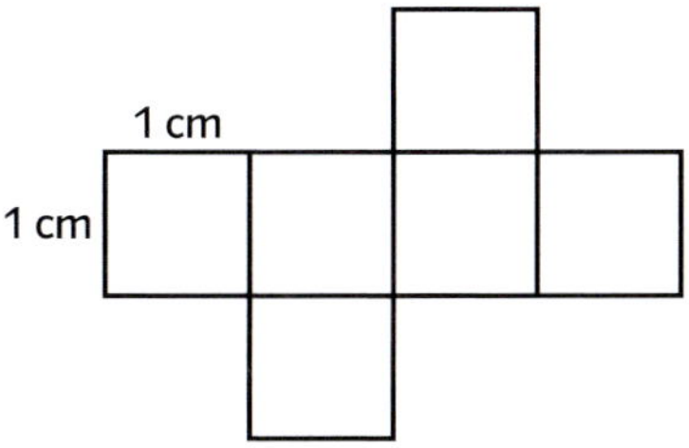

6.7 Vermischte Aufgaben

1

Die Abbildungen zeigen dir zwei quaderförmige Schachteln.

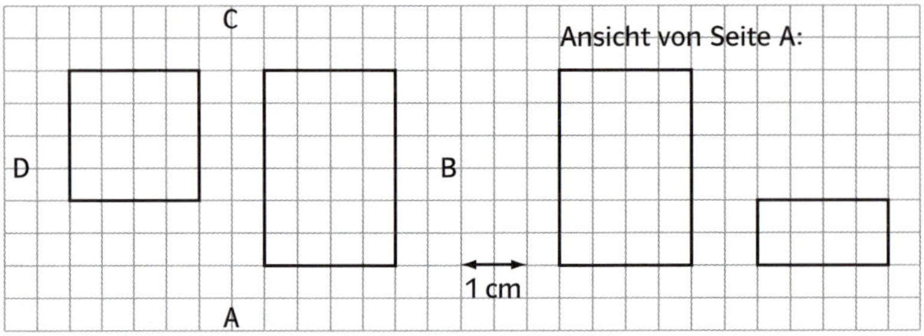

a) Zeichne die Ansicht von der Seite B aus.

b) Zeichne jeweils ein Schrägbild.

c) Berechne Volumen und Oberfläche der beiden Schachteln.

2

Berechne Volumen und Oberfläche der Pakete.

a) 35 cm × 25 cm × 12 cm

b) 40 cm × 25 cm × 15 cm

c) 20 cm × 30 cm × 50 cm

d) 13 cm × 13 cm × 35,5 cm

3

Wie viel cm (m) Schnur braucht man mindestens, wenn man die Packsets verschnüren möchte?

4

Berechne das Volumen der Körper.

a)

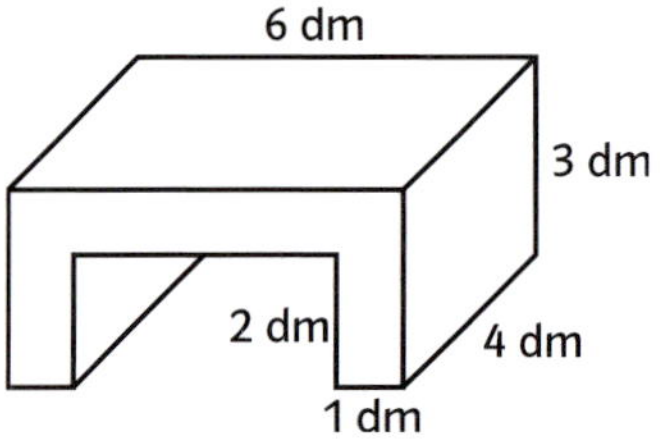

b)

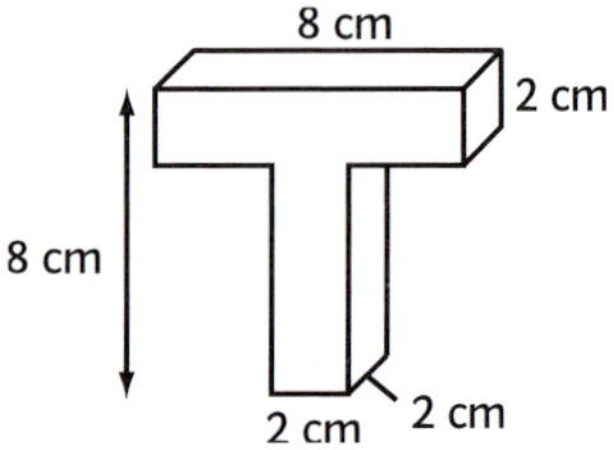

5

Tim hat ein neues Aquarium bekommen. Es ist 1,5 m lang, 60 cm breit und 80 cm hoch. Der Zoohändler empfiehlt ihm, bei kleinen Fischen ca. 5 l Wasser pro Fisch einzurechnen.

a) Wie viele Fische kann Tim für sein Aquarium kaufen?
b) Welche Annahme hast du bei deiner Rechnung gemacht?

6

Die Schule soll ein neues Schwimmbecken erhalten.

a) Zuerst muss das Becken gefliest werden. 1 m² Fliesen kostet 10 €. Wie teuer werden die Fliesen?
b) Das Schwimmbecken wird bis 20 cm unter den Rand mit Wasser gefüllt. Wie viel l Wasser kommen in das Becken?

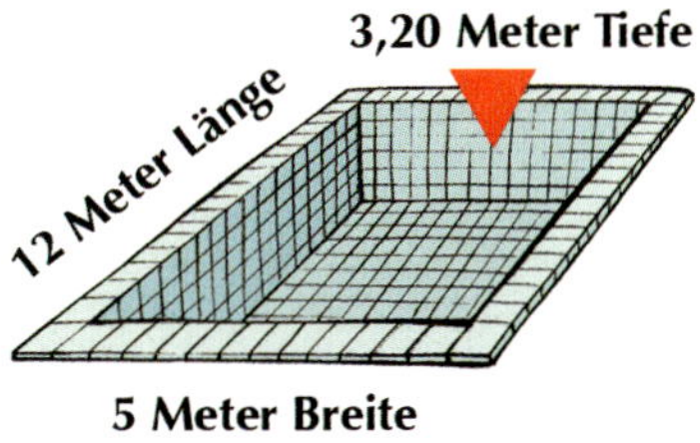

7

Das neue Haus von Familie Casa hat eine rechteckige Grundfläche von 8 m × 10 m. Die Baugrube wurde 2 m tief ausgegraben. Die Erde will Familie Casa gleichmäßig im Garten (Fläche 5 a) verteilen. Wie viel höher wird dadurch der Garten?

Erinnere dich an die Flächeneinheiten!

8

Frau Grün möchte ihren Balkon verschönern. Dafür kauft sie vier quaderförmige Blumenkästen. Jeder Blumenkasten ist innen 1,2 m lang, 15 cm breit und 15 cm hoch. Ein 25-l-Sack Blumenerde kostet 1,99 €.
Wie viel Euro kostet die Blumenerde, wenn Frau Grün die Kästen bis 5 cm unter den Rand mit Erde füllt?

1

Schreibe in der in Klammern angegebenen Einheit.

a) $5\,dm^3$ (cm^3) b) $35\,000\,mm^3$ (cm^3) c) 12 l (ml)
d) 8,2 m (l) e) 0,07 l (cm^3) f) $53\,dm^3$ (m^3)
g) $6{,}02\,cm^3$ (mm^3) h) $5020\,dm^3$ (m^3) i) $9{,}01\,m^3$ (l)

Punkte: max. 3

2

Bestimme Volumen und Oberfläche des Quaders, dessen Netz du hier siehst und zeichne ein Schrägbild.

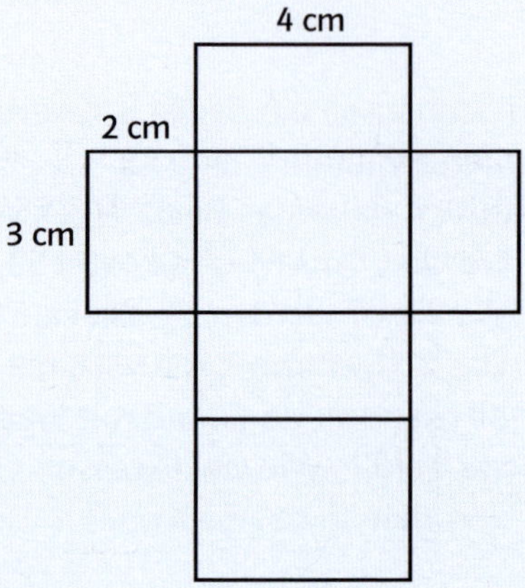

Punkte: max. 3

3

Berechne Volumen und Oberfläche der Quader.

a) a = 14 cm, b = 11 cm, c = 5 cm b) a = 2,4 m, b = 0,5 m, c = 1,7 m

Punkte: max. 4

4

Nenne einen Körper mit

a) 2 Flächen, 1 Kante, 1 Ecke
b) 5 Flächen, 9 Kanten, 6 Ecken
c) 5 Flächen, 8 Kanten, 5 Ecken

Punkte: max. 3

5

Berechne das Volumen des Bauklötzchens.

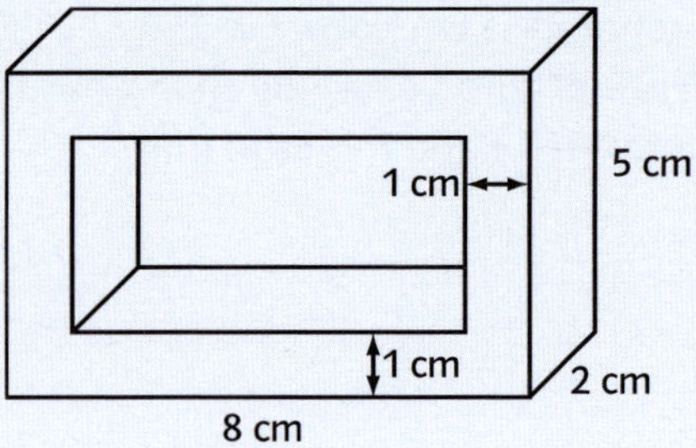

Punkte: max. 4

6

Im Unterricht präsentiert der Lehrer einen 25 cm langen, 6 cm breiten und 8 cm hohen Goldbarren. Sue fragt, ob sie den Goldbarren einmal halten dürfe. Sie hat nämlich gelesen, dass 1 cm^3 Gold 19 g wiegt. Prüfend nimmt sie den Barren in die Hand, gibt ihn dem Lehrer zurück und lacht: „Es ist eben nicht alles Gold, was glänzt."
Was meint sie damit? Begründe.

Punkte: max. 3

7

Der abgebildete Schulweg soll gleichmäßig mit einer 3 cm hohen Schotterschicht versehen werden. 1 m^3 Schotter kostet 17 €.
Wie teuer wird der Weg?

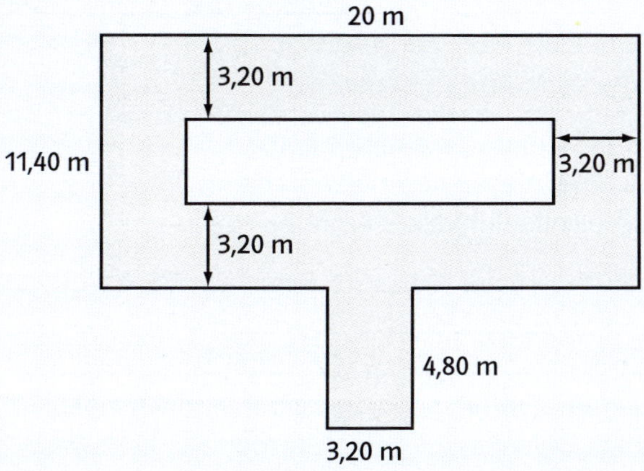

Punkte: max. 4

Gesamtpunkte: max. 24

Aufgaben Nummer	erreichte Punktzahl von (...)	Lernerfolg	Lernabschnitt abhaken ✓
1	____ (3)	Wenn du beim Umwandeln von Größen volle Punktzahl hast, kannst du das Teilkapitel „Volumeneinheiten“ abhaken.	6.5
2 3	____ (3) ____ (4)	Wenn du bei beiden Aufgaben die volle Punktzahl hast, beherrschst du das Berechnen von Volumen und Oberflächen schon sehr gut.	6.2 6.4 6.6
4	____ (3)	Hier konntest du zeigen, ob du die Eigenschaften von Körpern gut kennst.	6.1
5	____ (4)	Wenn du volle Punktzahl hast, dann kannst du sicher die Volumen von Körpern berechnen.	6.7
6 7	____ (3) ____ (4)	Das Kapitel „Körper“ kannst du endgültig abhaken, wenn du auch bei diesen komplexen Anwendungsaufgaben die volle Punktzahl erhalten hast.	6.7

19 – 24 Punkte	13 – 18 Punkte	0 – 12 Punkte
Prima, du hast dieses Kapitel gut verstanden! Du bist am Ende dieses Trainingsbuches angekommen. Weiterhin viel Erfolg und gute Noten!	Du hast viel gelernt, aber es könnte auch besser sein. Wiederhole die Lernabschnitte noch einmal, die in deiner Checkliste nicht abgehakt sind.	Es gibt bei dir noch viele Unsicherheiten. Du musst noch mehr üben! Wiederhole die Teilkapitel noch einmal, die in deiner Checkliste nicht abgehakt sind.

LUDEK, DU KANNST SEHR GUT MIT GEWICHTEN RECHNEN, UND IN KÖRPERN UND VOLUMEN BIST DU GROSSARTIG.
DAS WUNDERT MICH GAR NICHT.
WIESO?
ER HAT ÜBUNG. ER RECHNET SICH IMMER LEICHTER, WENN ER GEWOGEN WIRD.
WARUM DAS DENN?
ICH SAG' NUR EIN WORT: „WEIHNACHTSGANS"
ER HAT ANGST.

Lösungen

1 Natürlichen Zahlen

1

a) 249 **250** 251

b) 725 **726** 727

c) 999 **1000** 1001

d) 69 999 **70 000** 70 001

e) 349 999 **350 000** 350 001

f) 726 984 **726 985** 726 986

g) 999 998 **999 999** 1 000 000

h) 1 111 109 **1 111 110** 1 111 111

2

a) 25 < 52 < 125 < 521 < 1436 < 2087 < 73 004

b) 1356 < 10 356 < 10 365 < 11 270 < 12 170 < 13 560

c) 596 318 < 4 318 596 < 4 569 318 < 4 596 318 < 4 596 381 < 4 695 813

3

a) 3 700

b) 40 507

c) ja, die Zahl 999 999

4

Jede Ziffernkarte kann sich an jeder Stelle der vierstelligen Zahl befinden. Die Ziffern 2, 4, 7 und 8 kommen dabei in jeder Zahl genau einmal vor.

2478 < 2487 < 2748 < 2784 < 2847 < 2874 < 4278 < 4287 < 4728 < 4782 < 4827 < 4872 <
7248 < 7284 < 7428 < 7482 < 7824 < 7842 < 8247 < 8274 < 8427 < 8472 < 8724 < 8742

5

a)

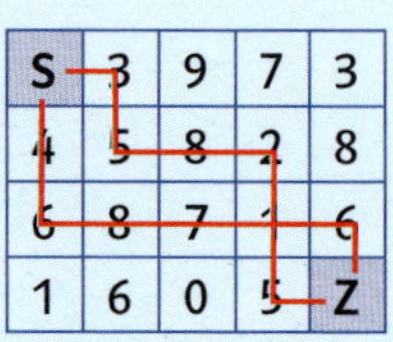

kleinste Zahl: 358 215
größte Zahl: 468 716

b)

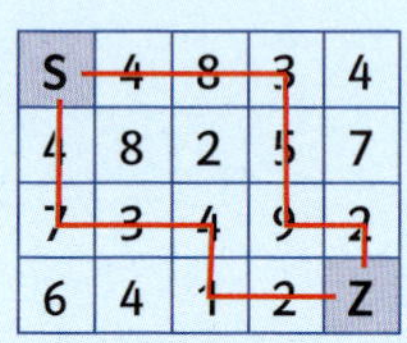

kleinste Zahl: 473 412
größte Zahl: 483 592

6

Stefanie: 51 < x < 84 Alex: 60 < x < 100 Klaus: 82 < x < 95

Wenn sich alle drei die gleiche Zahl gedacht haben, musst du die größte untere Grenze und die kleinste obere Grenze suchen.

82 < x < 84

Die einzige natürliche Zahl zwischen 82 und 84 ist die Zahl **83**.

7

a) 467300
b) 6500070
c) 307113763819

8

a) Siebenundvierzig Millionen einhundertneunundvierzigtausendneunhunderteins
b) einhundertzwei Millionen zweihundertdreitausendneunundsiebzig
c) eine Milliarde fünfhundertzwei Millionen sechshundertfünfundneunzigtausendachthundert

9

a) 10^4
b) $4 \cdot 10^3 + 3 \cdot 10^2$
c) $7 \cdot 10^4 + 9 \cdot 10^2 + 8 \cdot 10 + 4$
d) $7 \cdot 10^{10} + 6 \cdot 10^9 + 8 \cdot 10^8 + 4 \cdot 10^6 + 3 \cdot 10^5 + 9 \cdot 10^4 + 2 \cdot 10^3 + 1 \cdot 10^2 + 1 \cdot 10 + 7$

10

a) Es wurde aufgerundet, obwohl die Ziffer rechts von der Rundungsstelle eine 4 ist (richtig: **345000**).
b) Es wurde auf den Zehntausender gerundet (richtig: **1488000**).
c) Es wurde abgerundet, obwohl die Ziffer rechts von der Rundungsstelle eine 5 ist (richtig: **30989000**).

11

a) kleinste Zahl: 335 (aufgerundet: 340) größte Zahl: 344 (abgerundet: 340)
b) 950; 1049
c) 6998500; 6999499

12

An der Formulierung „etwa“ bzw. „ungefähr“ erkennst du, dass die Preise für die CD und die Jeans-Hose gerundet sind.
Die CD könnte einen Preis zwischen 15,00 € und 24,99 € haben, die Jeans-Hosen entsprechend einen Preis zwischen 35,00 € und 44,99 €. Eine Summe von 15 € + 35 € = 50 € wäre also denkbar.

1.2 Teiler und Primzahlen

1

a) $8 \mid 16$ Begründung: 8 teilt 16 ohne Rest 16 : 8 = 2

b) $2 \mid 26$	c) $5 \mid 235$	d) $6 \nmid 124$	e) $7 \mid 84$
f) $3 \mid 321$	g) $6 \mid 78$	h) $8 \mid 3064$	i) $17 \mid 306$

2

Vielfache von 3 sind: 6; 9; 18; 24; 30; 72; 84; 90; 126; 216; 300
(Alle Vielfachen müssen sich durch 3 teilen lassen, haben also eine Quersumme, die durch 3 teilbar ist.)
Vielfache von 6 sind: 6; 18; 24; 30; 72; 84; 90; 126; 300
Vielfache von 8 sind: 24; 72; 80; 216; 320

3

a)	Wahr	130 : 15 = 8 Rest 10
b)	Wahr	Eine Zahl, die sich durch 4 teilen lässt, kannst du auch zweimal hintereinander durch 2 teilen.
c)	Falsch	$T_{77} = \{1;\ 7;\ 11;\ 77\}$ $T_{36} = \{1;\ 2;\ 3;\ 4;\ 6;\ 9;\ 12;\ 18;\ 36\}$
d)	Wahr	Eine durch 10 teilbare Zahl endet mit einer Null. Du kannst sie also auch durch 2 oder 5 teilen.

4

3 ist ein Teiler von	a) 120; 123; 126; 129	b) 603; 633; 663; 693	c) 237; 537; 837
4 ist ein Teiler von	a) 120; 124; 128	b) endet eine Zahl auf 3, ist sie nie durch 4 teilbar	
	c) endet eine Zahl auf 7, ist sie nie durch 4 teilbar.		
6 ist eine Teiler von	a) 120; 126	b) keine Lösung	c) keine Lösung
8 ist ein Teiler von	a) 120; 128	b) keine Lösung	c) keine Lösung
9 ist ein Teiler von	a) 126	b) 603; 693	c) 837

5

24 mal 1 Stück	1 mal 24 Stücke
12 mal 2 Stücke	2 mal 12 Stücke
8 mal 3 Stücke	3 mal 8 Stücke
4 mal 6 Stücke	6 mal 4 Stücke

6

32 Spieler je 1 Karte	1 Spieler alle 32 Karten
16 Spieler je 2 Karten	2 Spieler je 16 Karten
8 Spieler je 4 Karten	4 Spieler je 8 Karten

7

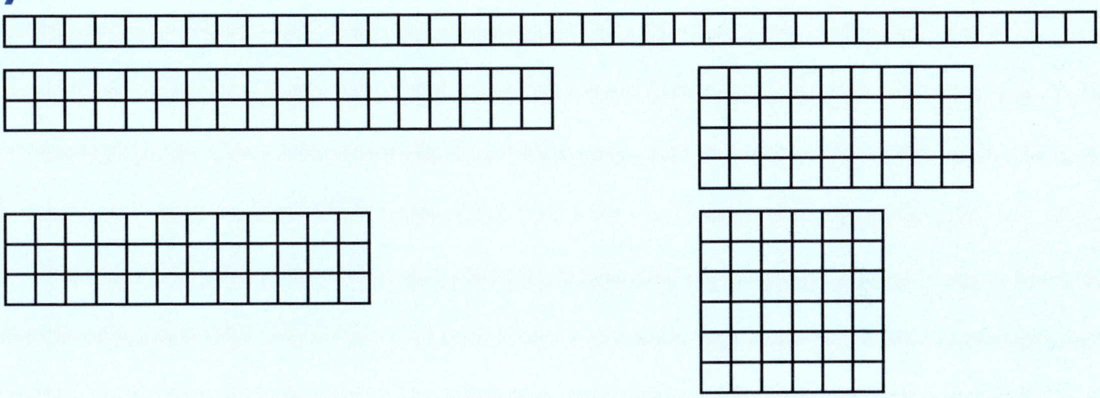

8

	T_{12}	T_{18}	T_{36}	T_{120}	T_{144}	T_{256}
2	✓	✓	✓	✓	✓	✓
3	✓	✓	✓	✓	✓	
4	✓		✓	✓	✓	✓
5				✓		
6	✓	✓	✓	✓	✓	
8				✓	✓	✓

9

a) 7
b) 5 oder 25. Beim Teilen durch 5 ergibt sich stets eine durch 5 teilbare Zahl.
c) 13
d) 2, 3 oder 6, alle Zahlen sind gerade.
e) 17

10

1 x 2€	2 x 1€	4 x 50 ct	10 x 20 ct
20 x 10 ct	40 x 5 ct	100 x 2 ct	200 x 1 ct

11

a) wahr Gerade Zahlen haben immer die Zahl 2 als gemeinsamen Teiler.
b) falsch z. B.: $T_9 = \{1; 3; 9\}$
c) wahr z. B.: $T_{33} = \{1; 5; 7; 35\}$
d) falsch z. B.: $V_3 = \{3, 6, 9, \ldots\}$ $V_2 = \{2, 4, 6, 8, \ldots\}$

12

Die Aufteilung ist genau dann möglich, wenn die Zahlen 9, 10, 12 und 30 ein gemeinsames Vielfaches haben.
kgV (9, 10, 12, 30) = 180

180 : 9 = 20 180 : 10 = 18 180 : 12 = 15

Herr Lorch müsste also 20 Packungen Schokotäfelchen, 18 Packungen Schokoriegel und 15 Packungen Schokowaffeln kaufen. Von jeder Süßigkeit hätte er dann 180 Stück.

180 Stück : 30 Schüler = 6 Stück pro Schüler

Jeder Schüler erhält 6 Stück von jeder Süßigkeit.

1.3 Addition und Subtraktion

1

a) 63 b) 5 c) 62 d) 121 e) 550
f) 265 g) 49 h) 1011 i) 33 j) 285

2

a)

4	3	8
9	5	1
2	7	6

b)

4	9	2
3	5	7
8	1	6

c)

2	9	4
7	5	3
6	1	8

3

a) ▢ + 36 = 63 — Ergibt die Summe der gesuchten Zahl und 36 zusammen 63, so muss die Differenz von 63 und 36 die gesuchte Zahl sein.
63 − 36 = **27** ▢ = 27

b) 47 − ▢ = 13 — Ist die Differenz aus 47 und einer unbekannten Zahl 13, so muss die unbekannte Zahl genau die Differenz von 47 und 13 sein.
47 − 13 = **34** ▢ = 34

c) 456 + 123 = **579** ▢ = 579
d) 324 − 234 = **90** ▢ = 90
e) 111 − 99 = **12** ▢ = 12
f) 345 − 34 = **311** ▢ = 311
g) 49 + 48 = **97** ▢ = 97
h) 127 − 0 = **127** ▢ = 127

4

a) 245 + 255 = 500
b) 165 − 65 = 100; 255 − 65 = 190; 180 − 65 = 115; 245 − 65 = 180; 255 − 90 = 165; 245 − 90 = 155
c) 90 − 65 = 25
d) 255 − 245 = 10

5

[1] 3	7	5	■	[6] 3
[2] 1	1	■	[5] 9	4
[3] 2	4	[4] 4	■	8
0	■	[7] 5	3	0

6

a)
```
   4 0 7 8
 + 3 5 6 1
     1
 ---------
   7 6 3 9
```
b)
```
    9 2 4 3
  + 2 7 7 8
  1 1 1 1
 ----------
  1 2 0 2 1
```
c)
```
   2 3 7 2
 +   9 3 9
   1 1 1
 ---------
   3 3 1 1
```

7

a)
```
   3 2 2 4
 - 2 9 3 5
   1 1 1
 ---------
     2 8 9
```
b)
```
   6 3 4 4
 - 5 1 4 5
     1 1
 ---------
   1 1 9 9
```
c)
```
   7 4 0 9
 - 6 7 0 3
   1
 ---------
     7 0 6
```

8

Hier gibt es mehrere Möglichkeiten.

a)

	4	3	5	1
+	2	5	4	8
	6	8	9	9

b)

	5	0	8	3
+	2	5	9	6
	7	6	7	9

c)

	8	4	7	6
−	2	3	6	2
	6	1	1	4

d)

	3	9	7
−	2	0	3
	1	9	4

9

a)

	8	7	6	3	4
−		1	4	3	3
−		9	7	4	2
	1	1	1	1	
	7	6	4	5	9

b)

	2	2	0	7	7
+	1	6	9	3	5
+		9	9	8	4
	1	1	1	1	
	4	8	9	9	6

c)

	8	1	3	3	3
+	1	7	5	8	9
+		1	1	3	2
	1	1	1	1	
1	0	0	0	5	4

d)

	2	5	9	3	3
−	2	1	7	6	6
−		2	0	1	2
			1	1	
		2	1	5	5

10

a)

		6	7	3	4	5
+		4	4	8	2	9
+	1	0	2	3	4	6
	1	1	1	1	2	
	2	1	4	5	2	0

b)

	1	0	4	7	3	6
−		2	7	8	9	0
		1	1	1		
		7	6	8	4	6

	7	6	8	4	6
+	1	4	3	4	3
	1	1			
	9	1	1	8	9

c)

	9	6	3	2	9
−	8	8	9	2	7
−		4	3	9	8
	1	1	1	1	
		3	0	0	4

d)

	1	0	0	8	5	4
+		2	7	3	9	9
			1	1	1	
	1	2	8	2	5	3

	1	2	8	2	5	3
−	1	1	1	4	3	9
			1		1	
		1	6	8	1	4

11

Überschlag:

	1	2	5	0	0
−		3	0	0	0
−		6	0	0	0
−		3	0	0	0
			5	0	0

Rechnung:

	1	2	5	0	0
−		2	7	8	5
−		6	2	2	0
−		3	1	5	5
	1	1	2	1	
			3	4	0

Antwort: Im Tankwagen verbleiben **340** Liter.

12

a)

		5	9	4	1	6
+		6	0	2	8	5
+		6	6	0	2	1
	1	1		1	2	
	1	8	5	7	2	2

Antwort: Die Gruppenspiele der deutschen Mannschaft konnten 185 722 Zuschauer live verfolgen.

b)

		6	6	0	2	1
+		6	6	0	2	1
+		6	6	0	2	1
	1	1				
	1	9	8	0	6	3

	1	9	8	0	6	3
−	1	8	5	7	2	2
			1			
		1	2	3	4	1

Das größte Stadion ist Berlin. Wenn alle drei Spiele dort ausgetragen worden wären, hätten 198 063 Zuschauer die Spiele sehen können. Das wären 12 341 Zuschauer mehr gewesen.

13

a)

	9	4	5	1	8
−	2	6	9	8	1
		1	1	1	
	6	7	5	3	7

b)

	7	8	5	0	3
−	6	3	4	1	0
			1		
	1	5	0	9	3

c)

	1	8	2	9	6	1
−		9	7	2	5	6
	1	1			1	
		8	5	7	0	5

d)

	5	6	8	1	2
−	3	5	2	9	9
			1	1	
	2	1	5	1	3

1.4 Multiplikation und Division

1

a) 90	b) 2000	c) 104	d) 3	e) 16
f) 156	g) 13	h) 275	i) 14	j) 0

2

1. Faktor	8	7	9	15
2. Faktor	12	12	13	15
Produkt	96	84	117	225

Dividend	81	32	600	156
Divisor	3	4	5	12
Quotient	27	8	120	13

3

a) $4 \cdot 17 = 68$

b) $? \cdot 15 = 90 \Rightarrow ? = 90 : 15 = 6$

c) $? : 9 = 14 \Rightarrow ? = 14 \cdot 9 = 126$

d) $? : 7 = 22 \Rightarrow ? = 22 \cdot 7 = 154$

4

a) richtig

b) $221 : 17 = 13$

c) $16 \cdot 12 = 192$

d) richtig

e) richtig

f) $148 : 4 = 37$

5

a) Das Produkt verdoppelt sich. $3 \cdot 5 = 15$ $6 \cdot 5 = 30$

b) Das Produkt bleibt gleich. $7 \cdot 8 = 56$ $14 \cdot 4 = 56$

c) Der Quotient wird viermal so groß. $12 : 4 = 3$ $24 : 2 = 12$

6

Rechnung: Im Jahr kauft Svenja 26 Zeitschriften.
$26 \cdot 1{,}50\,€ = 39\,€$

Antwort: Ungünstiger ist Svenjas Variante. Sie muss sich die Zeitschrift außerdem immer kaufen und bekommt sie nicht wie Steffen bequem mit der Post zugeschickt.

7

a)
```
4 3 1 7 · 9
-----------
  3 8 8 5 3
```

b)
```
3 4 7 · 7 0
-----------
  2 4 2 9 0
+         0
-----------
  2 4 2 9 0
```

c)
```
7 8 8 · 2 0 0
-------------
  1 5 7 6 0 0
          0 0
+           0
-------------
  1 5 7 6 0 0
```

d)
```
1 2 2 · 3 2
-----------
    3 6 6 0
+     2 4 4
      1
-----------
    3 9 0 4
```

e)
```
2 8 9 · 4 1 1
-------------
  1 1 5 6 0 0
      2 8 9 0
+       2 8 9
      1 1
-------------
  1 1 8 7 7 9
```

f)
```
1 4 4 3 · 1 6 8
---------------
    1 4 4 3 0 0
      8 6 5 8 0
+     1 1 5 4 4
    1 1 1 1
---------------
    2 4 2 4 2 4
```

g)
```
 273 · 481
────────────
    109200
     21840
+      273
     1 1 1
────────────
    131313
```

h)
```
 6216 · 143
────────────
    621600
    248640
+    18648
     1 1
────────────
    888888
```

8

a)
```
1248 : 3 = 416
12
 04
  3
  18
  18
   0
```

b)
```
3452 : 4 = 863
32
 25
 24
  12
  12
   0
```

c)
```
517 : 13 = 28   Rest 13
36
157
144
 13
```

d)
```
953 : 38 = 25   Rest 3
76
193
190
  3
```

e)
```
4950 : 25 = 198
25
245
225
 200
 200
   0
```

f)
```
8702 : 29 = 300   Rest 2
87
 00
  0
  02
   0
   2
```

g)
```
95432 : 79 = 1208
79
164
158
  63
   0
  632
  632
    0
```

h)
```
17792 : 32 = 556
160
 179
 160
  192
  192
    0
```

9

a) 3618 : 27 = 134
```
3618 : 27 = 134
27
 91
 81
 108
 108
   0
```

b) 266 : 19 = 14
```
266 : 19 = 14
19
 76
 76
  0
```

c) 8996 : 52 = 173
```
8996 : 52 = 173
52
379
364
 156
 156
   0
```

d) 585 · 9
```
585 · 9
 5265
```

5265 : 13 = 405
```
5265 : 13 = 405
52
 06
  0
  65
  65
   0
```

10

	3	5	7	1	2	:	2	4	=	1	4	8	8					
−	2	4																
	1	1	7															
−		9	6									3	4	7	·	6	2	3
		2	1	1									2	0	8	2		
	−	1	9	2											6	9	4	
			1	9	2							+			1	0	4	1
		−	1	9	2								2	1	6	1	8	1
					0													

11

a) Überschlag: 400 · 800 = 320 000
Aus der Überschlagsrechnung ist der Fehler NICHT zu erkennen.

b) Die letzte Ziffer des Ergebnisses ergibt sich aus dem Produkt der letzten beiden Ziffern der Faktoren.
412 · 793 = xxx xx6
```
412 · 793
 288400
  37080
+  1236
  1 1  1
 326716
```

c) Bei 7403 und bei 4708! Es gibt keine Zahl von 1 bis 9, die mit sich selbst malgenommen im Ergebnis die Endziffer 3 oder 8 hat.

12

a) 1 h = 60 min $\quad 60 \cdot 70 = 4200$ In einer Stunde wären es 4200 Herzschläge.

1 Tag hat 24 Stunden.

$$\begin{array}{r} 4200 \cdot 24 \\ \hline 84000 \\ +\ 16800 \\ \hline 100800 \end{array}$$

An einem Tag wären es 108 000 Schläge.

1 Jahr hat 365 Tage.

$$\begin{array}{r} 100800 \cdot 365 \\ \hline 30240000 \\ 6048000 \\ +\ 504000 \\ \hline 36792000 \end{array}$$

In einem Jahr schlägt das Herz insgesamt 36 792 000 mal.

b) Nach 3 000 000 Herzschlägen ist ungefähr ein Monat vergangen.
(3 000 000 : 100 800 ≈ 30 Tage ≙ 1 Monat.

13

a) 1 Minute = 60 Sekunden

$$\begin{array}{r} 333 \cdot 60 \\ \hline 19980 \\ 0 \\ \hline 19980 \end{array}$$

Der Schall legt in einer Minute also etwa 19 980 (ca. 20 km) zurück.

b)
$$\begin{array}{r} 333 \cdot 8 \\ \hline 2664 \end{array}$$

Der Schall legt in 8 Sekunden 2664 m zurück.

$$2664 : 2 = 1332$$
$$\begin{array}{l} 2 \\ \hline 06 \\ \ \ 6 \\ \hline \ \ 06 \\ \ \ \ \ 6 \\ \hline \ \ \ \ 04 \\ \ \ \ \ \ \ 4 \\ \hline \ \ \ \ \ \ 0 \end{array}$$

Da er in dieser Zeit von dir zum Fels und wieder zurück zu dir muss, ist die Felswand genau halbsoweit entfernt (1332 m).

c)
$$\begin{array}{r} 333 \cdot 12 \\ \hline 3330 \\ 666 \\ \hline 3996 \end{array}$$

Das Gewitter ist also ungefähr 4 km (3996 m) entfernt.

14

```
162900 : 8 = 20362  Rest 4
16
 02
  0
  29
  24
   50
   48
    20
    16
     4
```

Es müsste demnach etwa 20362 Gymnasiallehrer gegeben haben.

15

```
12674820 : 12 = 1056235
12
 06
  0
  67
  60
   74
   72
    28
    24
     42
     36
      60
      60
       0
```

Frau Hoffmann ist demnach Lotto-Millionärin. Sie gewinnt 1056235 €.

16

```
8500000 : 47 = 180851   Rest 3
47
380
376
  40
   0
  400
  376
   240
   235
     50
     47
      3
```

Umgerechnet auf 47 Pflichtspiele würde der Fußballspieler etwa 180 851 € pro Spiel verdienen.

1.5 Verknüpfung der Grundrechenarten

1

a) 6	b) 45	c) 72	d) 104	e) 43
f) 12	g) 2	h) 44	i) 6	

2

$163 + 67 \cdot 7$
$= 230 \cdot 7$ (f)
$= 1610$

Punkt vor Strich!

$4 \cdot (13 - 3 \cdot 3)$
$= 4 \cdot (13 - 9)$
$= 52 - 9$ (f)
$= 43$

Klammer zuerst!

$(6 \cdot 15 - 3 \cdot 4) : 3$
$= (6 \cdot 15 - 12) : 3$
$= (6 \cdot 3) : 3$ (f)
$= 18 : 3$
$= 6$

Punkt vor Strich!

3

a) groß: $(4 + 6) \cdot 3 - 2 = 10 \cdot 3 - 2 = 30 - 2 = 28$
klein: $4 + 6 \cdot (3 - 2) = 4 + 6 \cdot 1 = 4 + 6 = 10$

b) groß: $20 - 15 : (1 + 4) = 20 - 15 : 5 = 20 - 3 = 17$
klein: $(20 - 15) : 1 + 4 = 5 : 1 + 4 = 5 + 4 = 9$

c) groß: $36:(9-3)+1 = 36:6+1$
$= 6+1$
$= 7$

klein: $36:9-(3+1) = 4-4$
$= 0$

4

a) $4\cdot(6-3) = 12$ b) $6\cdot4-7 = 17$ c) $5\cdot(8-2)\cdot4 = 120$

5

a) $8\cdot40\,ct = 320\,ct$
$5\cdot30\,ct = 150\,ct$ } $320\,ct + 150\,ct = 470\,ct$

$500\,ct - 470\,ct = 30\,ct$

Sabine erhält 30 ct Wechselgeld.

b) $500 - 8\cdot40 - 5\cdot30 = 30$
$500 - (8\cdot40 + 5\cdot30) = 30$

6

a) $234 + 12\cdot8 = 234 + 96 = 330$
b) $(15+7)\cdot(36-27) = 22\cdot9 = 198$
c) $76 - 48:8 = 76 - 6 = 70$
d) $18\cdot7 - (33+19) = 126 - 52 = 74$
e) $(81+63):(33-29) = 144:4 = 36$

7

♣	♠	♥	♦
3	4	1	7

$(3-1)\cdot4-7 = 1$ $7\cdot3-4 = 17$ $13+34 = 47$

Test

1

a) 3 624 000; 124 000; 1000; 3 623 000; 990 000 (jeweils 1 P.)
b) drei Million sechshundertvierundzwanzigtausend
c) 3 624 000 > 3 623 000 > 990 000 > 124 000 > 1000

2

	T_8	T_{54}	T_{86}	T_{128}	T_{180}
2	✓	✓	✓	✓	✓
3		✓			✓
4	✓			✓	✓
5		✓			✓

3

a) wahr b) falsch c) falsch (jeweils 1 P.)

4

a) 74 492 b) 38 900 (jeweils 1 P.)

5

a) 1520 b) 103 532 (jeweils 1 P.)

6

a) $126 + 12 \cdot 7 = 210$ b) $(123 - 76) \cdot 9 = 423$ (jeweils 1 P.)

c) $(16 + 17) \cdot (3 + 19) = 726$

2 Messen und Größen

2.1 Was sind Größen?

3

a) Wenn deine Elle z. B. 35 cm beträgt, hat deine Arche Noah die Länge 300 · 35 cm = 10 500 cm = 105 m, die Breite 50 · 35 cm = 1750 cm = 17,5 m und die Höhe 30 · 35 cm = 1050 cm = 10,5 m.

b) Je nach Schneider konnte eine Elle unterschiedlich lang sein.

2.2 Längen

1

a) 1 dm b) 2 cm c) 90 m d) 7 cm e) 1 km f) 50 dm g) 8 m h) 140 km

2

a) 0,1 dm b) 9,9 cm c) 8,5 m d) 7,9 cm e) 4,519 km f) 67,5 dm g) 5,6 m h) 0,799 km

3

a) 0,64 dm	b) 4,17 cm	c) 19,32 m	d) 5,36 cm
e) 0,5263 km	f) 1,03 dm	g) 0,012 m	h) 0,04902 km

4

a) 30 dm	b) 770 mm	c) 900 cm	d) 99 000 m
e) 330 mm	f) 80 dm	g) 2000 m	h) 10 cm

5

a) 61 dm	b) 1,1 mm	c) 79,12 cm	d) 6230,1 m
e) 72,1 dm	f) 59,8 dm	g) 6770 m	h) 18,87 cm

6

a) 2000 m	b) 3 m	c) 24 000 mm	d) 500 000 mm
e) 0,231 m	f) 0,42 m	g) 62,1 m	h) 1750 m
i) 230 cm	j) 50 cm	k) 5500 m	l) 1075 mm

7

Wal: 33,5 m	Floh: 1,5 mm	Hochhaus: 403 m	?: 65 cm

8

a) 71,53 m	b) 5,95 m	c) 17,79 m	d) 82,91 m

9

a) falsch E b) falsch U c) richtig L d) richtig E e) falsch R = EULER

2.3 Gewichte

1

a) 10 kg	b) 2 g	c) 23 t	d) 4 kg	e) 0,245 t	f) 0,065 g	g) 0,0979 t	h) 0,0083 kg

2

a) 0,022 kg	b) 0,312 t	c) 0,003 g	d) 5,265 t	e) 12,95 g	f) 0,531 t	g) 0,091 g	h) 48,248 kg

3

a) 0,0624 kg	b) 23,4117 g	c) 0,1932 t	d) 0,05306 g
e) 0,0074 t	f) 0,0103 kg	g) 0,00012 g	h) 9,8492 t

4

a) 2000 mg	b) 12 000 g	c) 430 000 kg	d) 9000 g
e) 54 000 kg	f) 401 000 mg	g) 32 000 g	h) 6000 kg

5

a) 1500 mg	b) 4500 g	c) 12 600 kg	d) 7201 g
e) 451 kg	f) 500 mg	g) 23 900 g	h) 20 kg

6

a) 2 000 000 mg	b) 3 kg	c) 24 000 mg
d) 65 000 000 mg	e) 0,00678 t	f) 70 mg

7

Wal: 200 t	20-ct-Münze: 5,74 g	Rennrad: 8,5 kg	Kiwi-Vogel: 4,5 kg

8

a) 12,24 t b) 2,5 g c) 8,5 kg d) 120,0 kg

9

a) falsch G b) richtig A c) falsch U d) richtig S e) falsch S = GAUSS

2.4 Zeiten

1

a) 1380 s b) 900 min c) 72 h d) 12 min e) 7 d f) 10 800 s

2

a) 2 h 40 min b) 3 min 55 s c) 4 d 4 h d) 2 d 12 h e) 5 h 25 min f) 2 min 25 s

3

a) 5 h 15 min b) 7 h 48 min c) 11 h 48 min

4

4 d 8 h 40 min

5

In New York ist es 6 h früher als in Frankfurt. Der Abflug ist nach New Yorker Ortszeit um 4 Uhr. Der Flug dauert also von 4 Uhr bis 12.45 Uhr, also 8 h 45 min.

2.5 Rechnen mit Größen

1

Wandle die Größen zunächst in eine geeignete Einheit um.

a) STERN b) HIMMEL c) SONNE

2

a) 25 m − 1 m = 24 m b) 50 kg + 273 kg + 42 kg = 365 kg
c) 566 cm d) 29 h 43 min

3

115,979 km

4

Daniel: 47 kg Marcel: 89 kg − 47 kg = 42 kg Tony: 97 kg − 42 kg = 55 kg

Test

1

a) 4 dm b) 6 h c) 2 g d) 8 min e) 0,6 km f) 0,067 kg g) 0,35 m h) 7 d

2

a) 6000 g b) 450 mm c) 1380 s d) 2000 m
e) 755 cm f) 2250 g g) 73,4 dm h) 1050 mg

3

a) 144 h b) 650 cm c) 550 kg d) 272 min e) 200 mm f) 8,07 dm g) 0,998 kg h) 7,08 dm
Bei 1 – 3 für jede richtige Teilaufgabe ein halber Punkt.

4

Schaf: 120 kg < Löwe: 225 kg < Gorilla: 275 kg

5

a) 10 000 m : 400 m = 25, also 25 Runden b) 32 Bahnen

6

	2975 kg
+	2050 kg
+	560 kg
+	1230 kg
	1 2
	6815 kg

	7500 kg
−	6815 kg
	685 kg

(Hier gibt es für das Umwandeln und Addieren je je 1 Punkt und für die Idee und die Subtraktion 2 Punkte.)

Es dürfen noch 685 kg zugeladen werden.

7

1 h 53 min + 2 h 5 min + 1 h 37 min = 5 h 35 min

3 Ganze Zahlen

3.1 Vergleichen und Anordnen

1

a) −5 > −9   b) −15 < −9   c) 0 > −2   d) +17 > −1

2

−25 < −24 < −12 < −7 < 0 < 11 < 28 < 35 < 105

3

Zahlen: −5, −2, −1, 0, 3, 6

4

Beide Zahlen haben denselben Betrag.

5

Mögliche Zahlen: a) −4; −3; −2; −1; 0   b) −1   c) −14; −13; −12

6

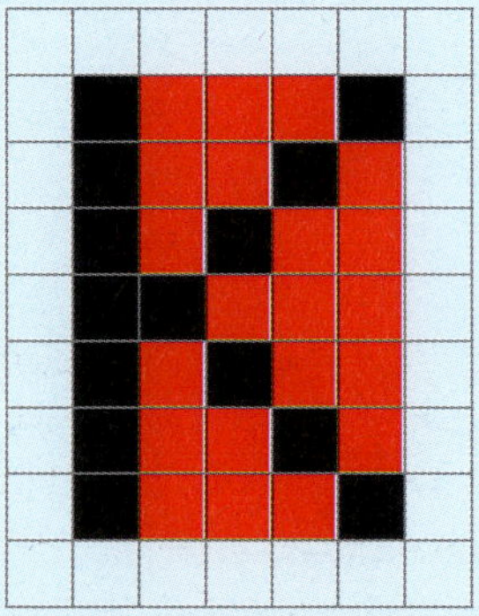

7

a) wahr

b) falsch, weil b eine negative Zahl ist und der Betrag | a | immer positiv.

c) wahr

d) wahr

8

Es liegen dazwischen: a) 4 Zahlen, nämlich +8, +9, +10, +11

b) 7 Zahlen   c) 20 Zahlen.

9

Ja, alle Zahlen von −99 bis −11 sind zweistellig und kleiner als −10.

10

a) Wahr, weil der Betrag einer Zahl immer positiv ist.
b) Wahr. Natürliche Zahlen sind positiv, also größer als negative Zahlen.
c) Falsch. Zur der Zahl 0 gibt es keine Zahl mit einem kleineren Betrag.

3.2 Addieren und Subtrahieren

1

a) 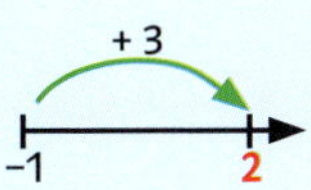

b) 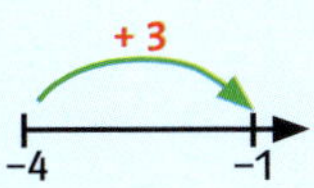

c) 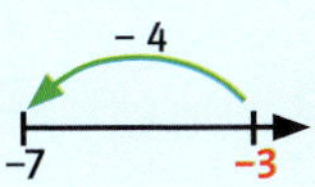

d) 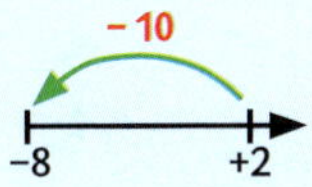

2

a) −7 b) −5 c) −55 d) +5

3

Statt ▢ müssen folgende Zahlen stehen:

a) −5 b) +10 c) −5 d) −8 e) +25 f) +17 g) −12

h) Beliebig viele Lösungen, z. B. 1. ▢ = 1 2. ▢ = 26

4

Das ist etwas für findige Köpfe! Diese beiden Aufgaben sind sehr leicht zu rechnen, aber ziemlich knifflig zu durchschauen. Du musst die Aufgabenstellung erst erkennen. Das +-Zeichen bei a) bzw. das −-Zeichen bei b) bedeutet, dass du Zahlen addieren bzw. subtrahieren musst. Die Startzahlen sind durch dickere Striche von den Ergebnissen abgegrenzt. Du addierst bei a) paarweise eine Zahl aus der zweiten Spalte zu einer aus der ersten Zeile. Also z. B. −14 + (+25) = +11 (das steht schon da). Weiter: +48 + (+25) = +73 und +48 + (−48) = 0 usw.

Bei b) subtrahierst du entsprechend die Zahlen aus der ersten Zeile von den Startzahlen in der zweiten Spalte, z. B. −24 − (−41) = −24 + 41 = +17 usw.

a)

	+	+25	−48	−85
Startzahl	−14	+11	−62	−99
	+48	+73	0	−37
	+52	+77	+4	−33

b)

	−	−41	+15	−17
Startzahl	−24	+17	−39	−7
	−5	+36	−20	+12
	+36	+77	+21	+53

5

a) wahr, z. B. $+4 + 7 = +11$, $+4 + (-7) = -3$

b) falsch, wenn der zweite Summand negativ ist, ist die Summe kleiner als der erste Summand.

c) wahr, z. B. $7 + (-10) = -3$ und $7 - (+10) = -3$

d) falsch, z. B. $-1 + (-2) = -3 < 2$

6

a) 80 b) 0 c) −44 d) 38 e) 48 f) −3

7

a) $(17 + (-24)) + (-15 + (-5)) = -7 + (-20) = -27$

b) $(-75 + (+25)) - (25 - 100) = -50 - (-75) = 25$

c) $(78 - 90) + (31 - 16) = -12 + 15 = 3$

d) $(56 - 25) - (14 + (-50)) = 31 - (-36) = 67$

8

a) richtig

b) falsch, $(58 - 35) + (-25 + 55) = 23 + 30 = 53$

c) falsch, $48 - (21 - 72) = 48 - (-51) = 99$

d) falsch, $25 - 45 + 26 - 38 = -20 + 26 - 38 = 6 - 38 = -32$

Beachte bei der letzten Aufgabe besonders den richtigen Gebrauch des Gleichheitszeichens.

9

Es gibt beliebig viele Lösungen, z. B.

a) $-7 + (+2) = -5$ oder $10 + (-15) = -5$

b) $-20 - (-10) = -10$ oder $5 - (+15) = -10$

10

Rechenstern:

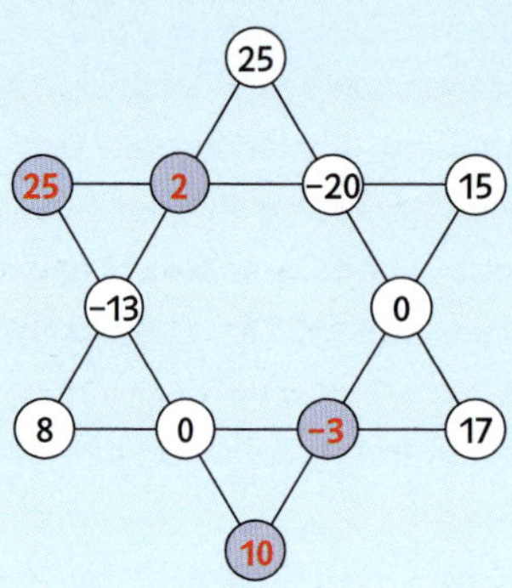

Die Summe ist 22.

11

		-4	
-28	37	-15	2
14	8	-4	-22
-1	-13	5	5
11	-36	10	11

Aus der zweiten Zeile erkennst du gleich, dass die Summe jeweils −4 sein muss.

12

Die kleinste Summe ist 30 487 + 30 478 = 60 965. Die kleinste Differenz, nämlich 9, bekommt man, wenn bei den beiden fünfstelligen Zahlen die ersten drei Ziffern gleich sind und die letzten beiden Ziffern 87 und 78 oder 43 und 34 sind. Also zum Beispiel: 30 487 − 30 478 = 9 oder 87 043 − 87 034 = 9.

13

1) 1	9	2) 7	3) 8		4) 3	3
0		5) 1	4	6) 3	9	
7) 1	8) 4	5		9) 9	0	10) 1
	11) 4	3	12) 2	0	0	0
13) 5	4		14) 1	1		9
4		15) 6	4		16) 1	
17) 3	8	5	2	3	4	7

14

Die Oma hat 35,00 € überwiesen (521,68 € − 50,00 € − 75,00 € = 396,68 €; 396,68 € + 35,00 € = 431,68 €).

15

Gesamtlänge: 75 km

Die Einteilung ist auf mehrere Arten sinnvoll. Man könnte z. B. am ersten Tag nur die kurze Tour von 6 km zum Einfahren nehmen und anschließend jeden Tag zwischen 21 und 24 km fahren, also die Etappen 3 und 4 sowie 5 – 7 zusammenfassen. So ist man 4 Tage unterwegs.

3.3 Multiplizieren und Dividieren

1

a) + b) − c) + d) keins e) keins

2

a) −11 b) +72 c) +5 d) −165 e) 0

3

a) −5 b) +84 c) −5 d) −4

4

a) −3 b) −3 c) +72

5

	17280		
	72	240	
−6	−12	−20	
−2	3	−4	5

6

z. B. −32 · 2 oder 8 · (−8) oder (−16) · 4 usw.

7

a) falsch, eine Zahl und ihre Gegenzahl haben immer verschiedene Vorzeichen, also ist ihr Produkt immer negativ.

b) falsch, z. B. ist 3 · (−8) = −24 und −24 < 3.

c) falsch, durch 0 darf man nicht dividieren.

8

Das kleinste Produkt ist −743 · 8 = −5944, das größte Produkt ist −478 · 3 = −1434. Wenn der zweite Faktor ein negatives Vorzeichen erhält, ist das kleinste Produkt −478 · (−3) = 1434, das größte −743 · (−8) = 5944.

9

1) 1	2) 8	3) 7	4) 1	5) 1	■	6) 1	7) 2
8) 3	8	9	0	0	3	3	6
9) 3	0	0	■	10) 1	0	2	4
1	■	1	■	1	■	■	3
■	11) 9	■	12) 5	0	■	13) 4	9
14) 2	4	1	2	2	0	0	6
8	7	■	15) 9	0	0	9	■
16) 9	1	0	■	0	■	17) 6	4

10

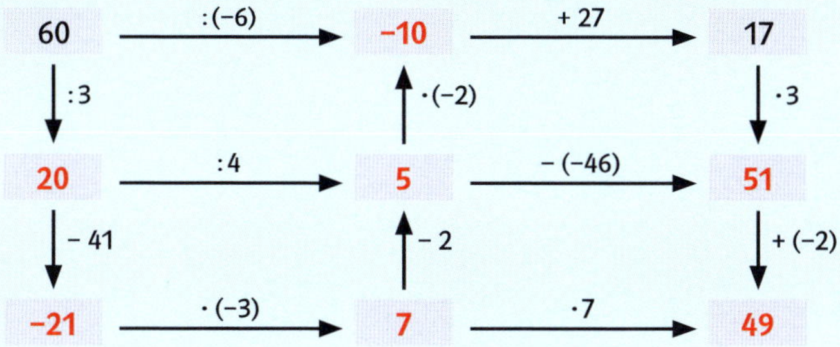

3.4 Verbindung der Rechenarten

1

a) −64 b) 112 c) −7 d) 12 e) 2

2

a) 816 b) −4895

3

a) $(-5 + 11) \cdot (-13 + (-9)) = 6 \cdot (-22) = -132$ b) $(-11 - (-4)) \cdot (3 + (-13)) = -7 \cdot (-10) = 70$

c) $(-36 + (-16)) : (-3 + 16) = -52 : 13 = -4$

4

$(100 - (10 + 4 + 2)) \cdot 4 + 1 = (100 - 16) \cdot 4 + 1 = 84 \cdot 4 + 1 = 337$

5

$2006 = (9 \cdot 6 + 3 - 1 \cdot 7) \cdot 5 \cdot 8 + 2 + 4$ oder $2007 = (9 \cdot 6 - 4 + 3 - 2 - 1) \cdot 5 \cdot 8 + 7$

Es sind auch andere Lösungen möglich.

6

a) ja b) ja

7

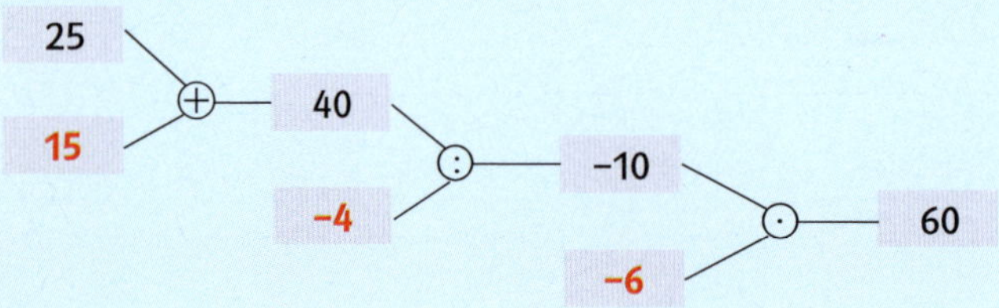

8

Du könntest deinen Rechenbaum einem Mitschüler zur Kontrolle zeigen.

9

(Unbekannte Zahl geteilt durch 5) + (110 − 98) = 37; also $\frac{\text{Zahl}}{5} + 12 = 37$; $\frac{\text{Zahl}}{5} = 37 - 12 = 25$;
Zahl = $5 \cdot 25 = 125$. Die Zahl lautet 125.

3.5 Das Koordinatensystem

1

Die Buchstaben sind durch die Koordinaten der Punkte verschlüsselt. Die geheime Botschaft lautet:
Treffen uns morgen mittag.

2

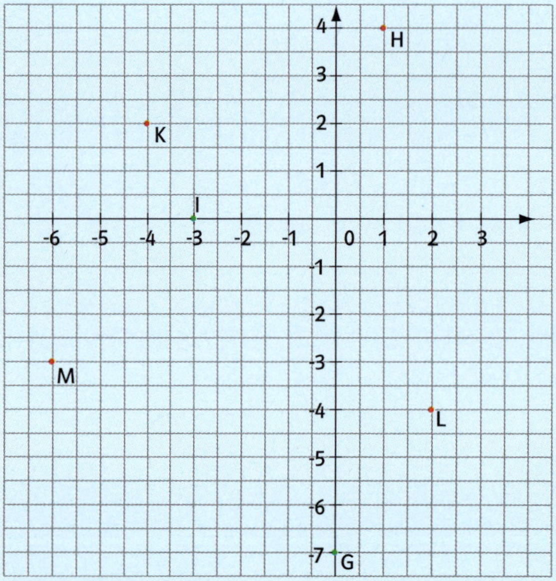

3

a) und b)

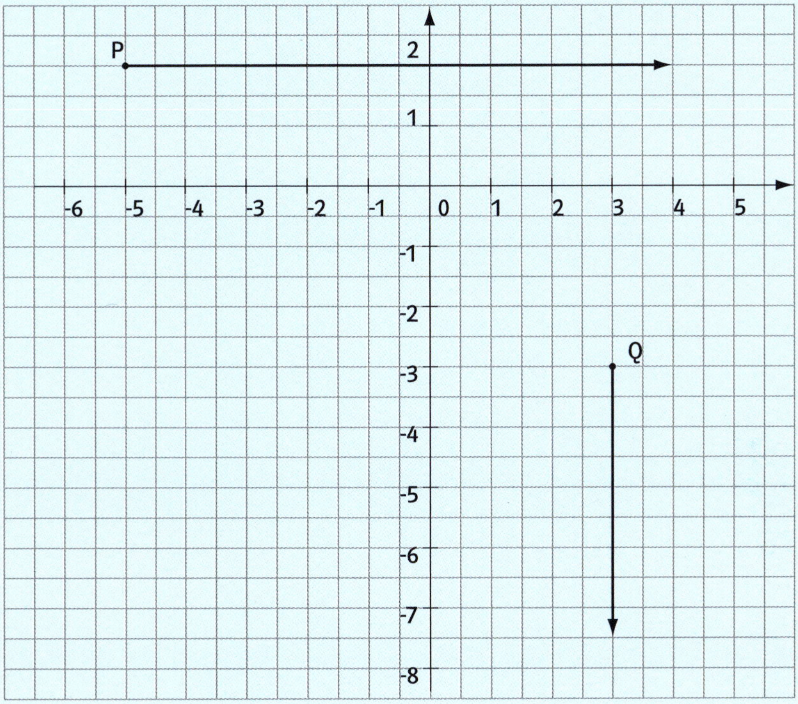
P
Q
-6
-5
-4
-3
-2
-1
0
1
2
3
4
5
2
1
-1
-2
-3
-4
-5
-6
-7
-8

4

a)

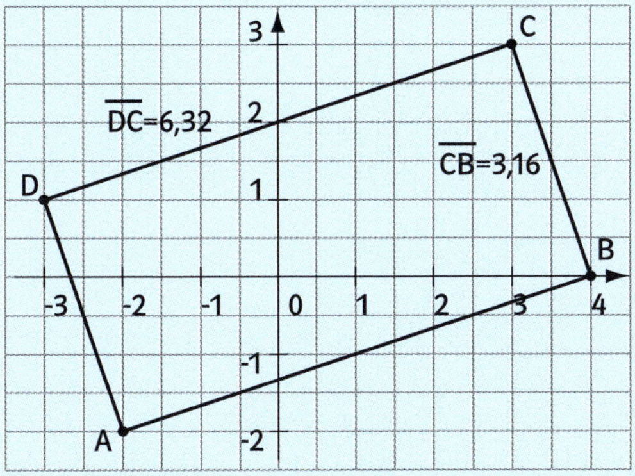
C
D
B
A
$\overline{DC}$=6,32
$\overline{CB}$=3,16
-3
-2
-1
0
1
2
3
4
3
2
1
-1
-2

b)

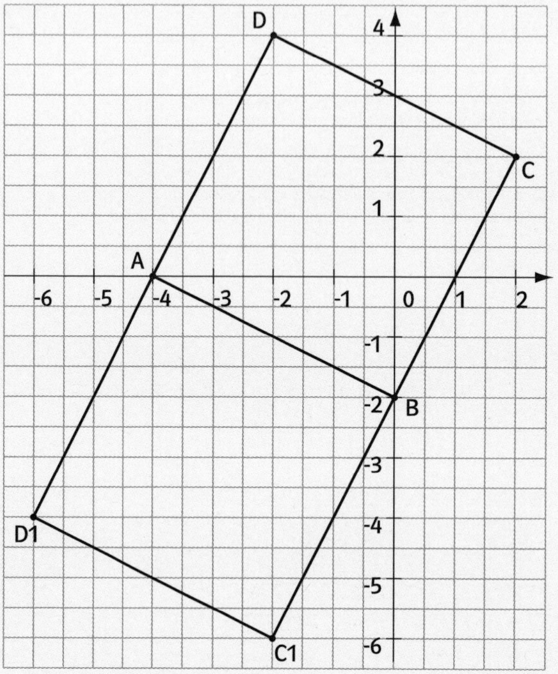

C(2|2)
D(−2|4)
oder
$C_1(-2|-6)$
$D_1(-6|-4)$

5

a) 10 Stunden nach Beginn der Beobachtung beträgt der Wasserstand 0,9 Meter.

b) Im Schaubild siehst du die Punkte aufgetragen. Aus genaueren Messungen weiß man, dass man die Punkte nicht durch eine „Zickzacklinie" verbinden darf, sondern dass eine „geschwungene" Kurve richtig ist.

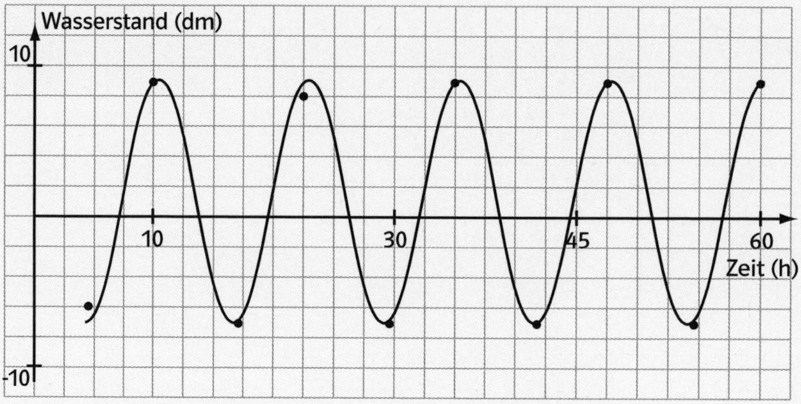

3.6 Der Taschenrechner

1

Es gibt mehrere mögliche Überschläge. Eine Lösung könnte sein:

a) $(5000 + 2000 \cdot 5) : 15 = 15\,000 : 15 = 1000$

b) $300 \cdot (1300 - 900) - 35 \cdot 2000 = 300 \cdot 400 - 70\,000 = 120\,000 - 70\,000 = 50\,000$

c) $4 - 2 \cdot (26 - 36) + 9 : (-3) = 4 - 2 \cdot (-10) - 3 = 4 + 20 - 3 = 21$

2

Zuerst das richtige Ergebnis, dann ein Überschlag.

a) 588; $25 + 70 + 165 - 50 - (500 - 20 \cdot 40) = 210 - (500 - 800) = 210 + 300 = 510$

b) 1637; $(-15) + (-25) + 60 \cdot 10 - (70 \cdot (-10)) = -40 + 600 + 700 = 1260$

c) 1,46; $5 + 3 : 3 - 0{,}2 \cdot 1 + 1 \cdot (-4) = 5 + 1 - 0{,}2 - 4 = 1{,}8$

3

a) Überschlag: $20 \cdot 5 = 110$ Das Ergebnis kann nicht stimmen.

b) Überschlag: $4 \cdot 0{,}5 = 2$ Das Ergebnis kann nicht stimmen.

c) Überschlag: $6 : 0{,}6 = 10$ Das Ergebnis kann nicht stimmen.

d) $400 \cdot 1 = 400$ Das Ergebnis kann stimmen.

4

a) 888 387 b) −7956

5

Aufgabe	Lösung	Lösungsbuchstabe
$(655\,659 : 789) : (-3)$	−277	C
$(79 + 23 - 422) : 5$	−64	A
$(54 \cdot (-256)) : 64 + 16$	−200	L
$7 \cdot (-42) + (27 - 10)$	−277	C
$-(24 - 75) \cdot 13^2$	8619	U
$10\,000 : 50 - 400$	−200	L
-8^2	−64	A
$17^2 - 15^2$	64	T
$(-2{,}5 \cdot 15 + 5{,}5) \cdot 3$	−96	O
$(-9000 \cdot (-150)) : (269 - (-1))$	5000	R

6

a) LIEBE b) SIE c) GELB

Test

1

a) 70 b) 1 c) 45 (Punkt vor Strich!) d) − 333 (jeweils 1 P.)

2

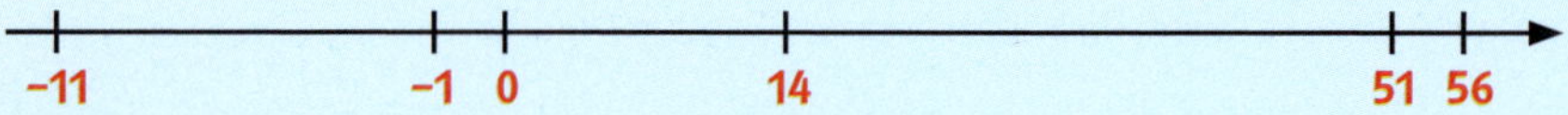

3

a) – Nein, es gilt: „Punkt vor Strich“! (jeweils 0,5 P.)
– Richtig.
Z. B.: 6 + 4 · 5: von links nach rechts ergibt sich 50, von rechts nach links ist 26 das Ergebnis.
– Richtig.

b) Zahlenstrahl (jeweils 0,5 P.)
– Falsch, addiert man eine negative Zahl, so gilt dies nicht: 5 + (−8) = −3
– Richtig, auch mit negativen Zahlen funktioniert dies, z. B. −4 − (−1) = −3.
– Richtig, das Quadrat einer Zahl ist immer positiv.

4

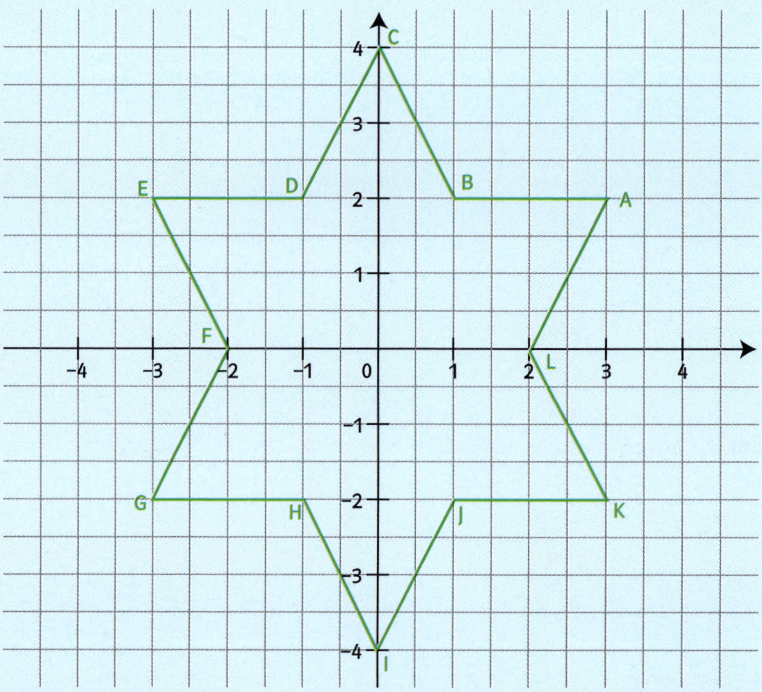

5

a) Bergauf: ca. 5 km, bergab: ca. 4 km (erst 2 km bergauf, dann 1 km bergab, wieder 3 km bergauf, schließlich 3 km bergab).

b) 1500 Höhenmeter

c) Wenn Monicas Familie bergauf in einer Stunde 2 km und bergab in einer Stunde 4 km läuft und zusätzlich noch eine Stunde Pause macht, so sind sie insgesamt: $\frac{5}{2} = 2{,}5$ Stunden bergauf und $\frac{4}{4} = 1$ Stunde bergab und eine Stunde Pause, also 2,5 h + 1 h + 1 h = 4,5 h unterwegs.
Bemerkung: Hier sind selbstverständlich auch andere Annahmen möglich.

6

a) Falsch, der Fehler liegt in der letzten Zeile: es gilt „Punkt vor Strich", (jeweils 1 P.)
somit muss es richtig heißen: $700 + 70 \cdot 3 = 700 + 210 = 910$.

b) $-325 : 25 - 20 \cdot (-5) = 13 - 100 = -87$ Falsch, zwei Vorzeichenfehler.
Richtig ist: $-325 : 25 - 20 \cdot (-5) = -13 + 100 = 87$

7

a) $10\,000 = 13 \cdot 769 + 3$. Man braucht also 770 Summanden.

b) $1000 = 17 \cdot 58 + 14$, also ist die größte Zahl $58 \cdot 17 = 986$.

8

Hier gibt es viele Lösungsmöglichkeiten, z. B.

Kulturtasche und ein Handtuch:	1900 g	
2 T-Shirts:	400 g	
1 Pulli:	800 g	
2 Pack Unterwäsche:	200 g	
1 Jeans:	600 g	
1 Paar Schuhe:	1000 g	
2 Bücher:	600 g	
1 Discman mit 2 CDs:	500 g	
insgesamt:	6000 g	= 6 kg

9

a) $(2\,000\,000 : (-589 + 39)) \cdot (-11) = -40\,000$ (jeweils 1 P.)
Falsch, Vorzeichenfehler.
Richtig: $(2\,000\,000 : (-589 + 39)) \cdot (-11) = 40\,000$

b) Richtig

4 Abbildungen und Symmetrie

4.1 Senkrechte und parallele Geraden und Strecken

1

a) Parallele oder orthogonale Strecken findest du z. B. an Bücherregalen. Die Kanten der Regalbretter sind parallel, die Kanten der Regalstützen sind orthogonal zu den Kanten der Regalbrettern. Geraden kannst du in deinem Zimmer nicht finden, weil Geraden unbegrenzt lange Linien sind.

b) Ein Laternenmast steht senkrecht zum Erdboden oder lotrecht. Der Begriff „senkrecht" verlangt eine Ergänzung, wozu etwas senkrecht ist.

2

$g \parallel k$; $l \parallel m$; $g \perp l$; $g \perp m$; $k \perp l$; $k \perp m$.

3

a)

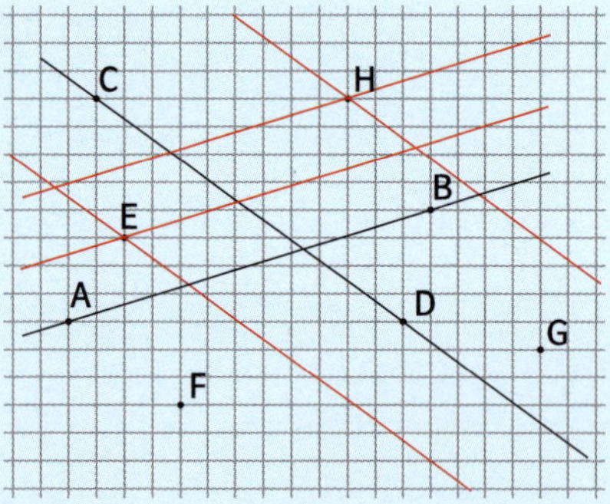

b)

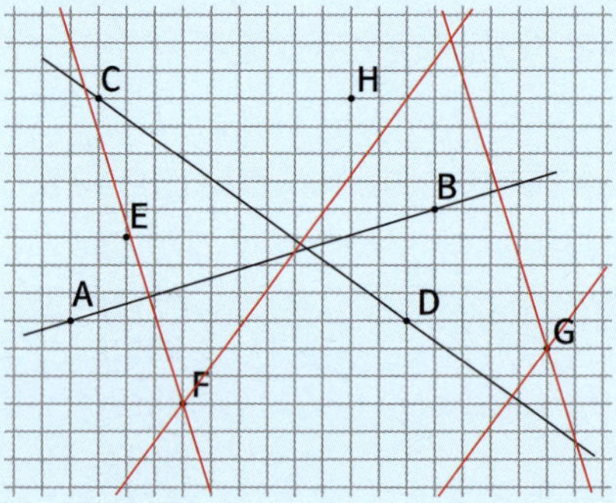

4

a) Das stimmt. Wenn die Geraden parallel sind, haben sie keinen Schnittpunkt, sonst einen.

b) Das ist falsch. Drei parallele Geraden haben keinen Schnittpunkt.

c) Das stimmt.

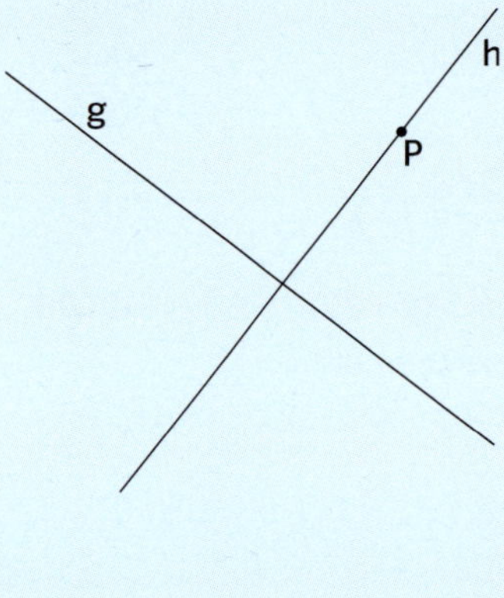

5

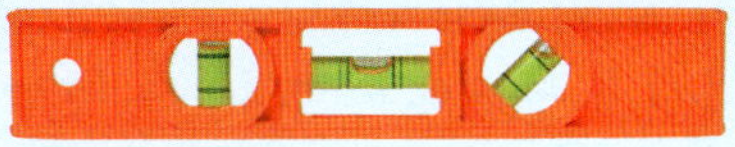

Zum Aufhängen eines Bildes benutzt man am besten eine Wasserwaage: In dem Fenster in der Mitte der Waage schwimmt eine Luftblase in einer Flüssigkeit. Wenn diese Luftblase genau zwischen den Markierungen schwimmt, ist das Bild waagrecht.

6

Es gibt rechtwinklige Dreiecke aus Holz, die man in die Ecke zwischen zwei Wänden hält, und schaut, ob die Seiten des Dreiecks genau hineinpassen. Du kannst dir aus Pappe auch selbst so ein Dreieck basteln und eure Wände überprüfen.

7

Natürlich müssen sie parallel sein, da die Achsen der Züge ihre Breite nicht ändern können. Der optische Eindruck, dass sie sich schneiden, entsteht durch eine besondere Perspektive, die Zentralperspektive.

4.2 Achsensymmetrie

1

keine Achse

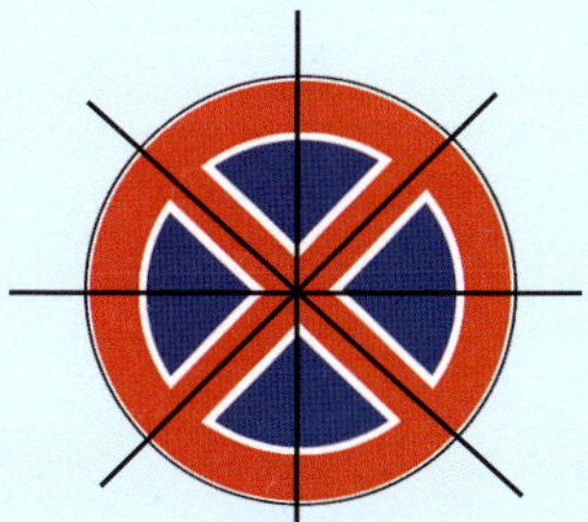

4 Achsen

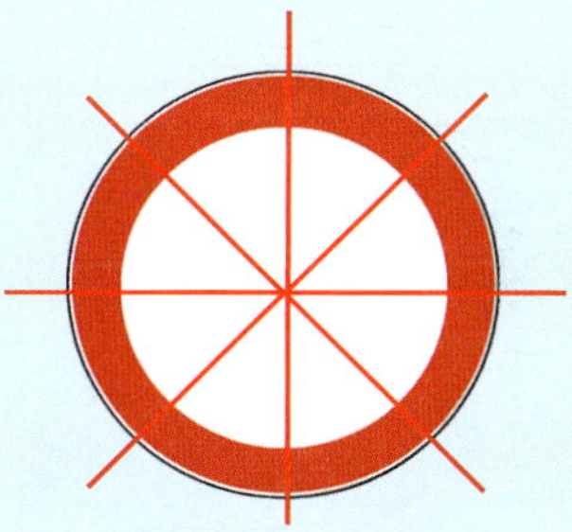

beliebig viele Achsen.

2

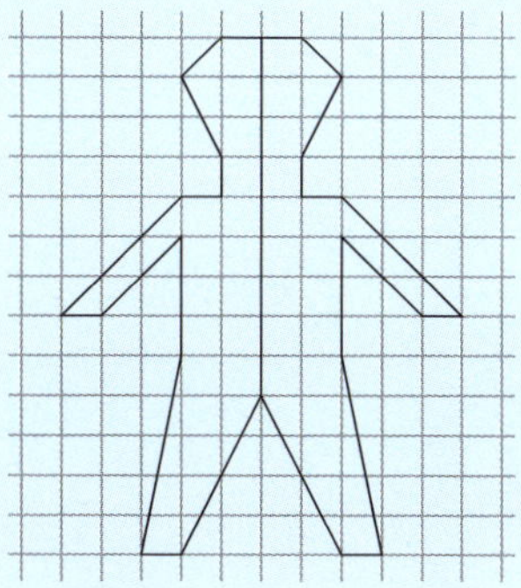

3

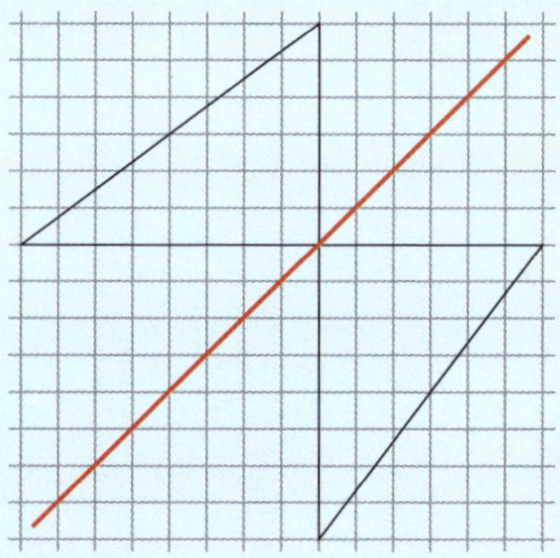

4

a) Nein, siehe Aufgabe 1, Bild 2 oder 3.

b) Beliebig viele, siehe Aufgabe 1, Bild 3.

c) Z. B. Fenster, Türen, Schränke, manche Tische, Stühle etc.

5

Prüfe genau, ob deine Figur die richtige Zahl der Spiegelachsen hat. Manchmal übersiehst du vielleicht eine. Wenn du nicht sicher bist, könntest du einen Mitschüler um Prüfung bitten.

6

Die Figuren sind nicht spiegelbildlich (achsensymmetrisch). Wenn sie spiegelbildlich wären, müssten sie so wie in der Zeichnung liegen.

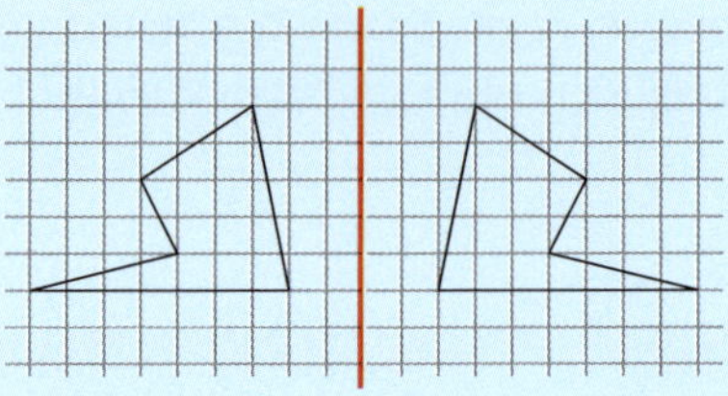

7

a)

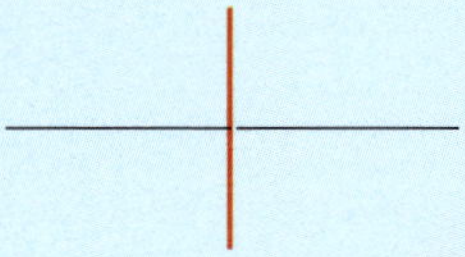

b)

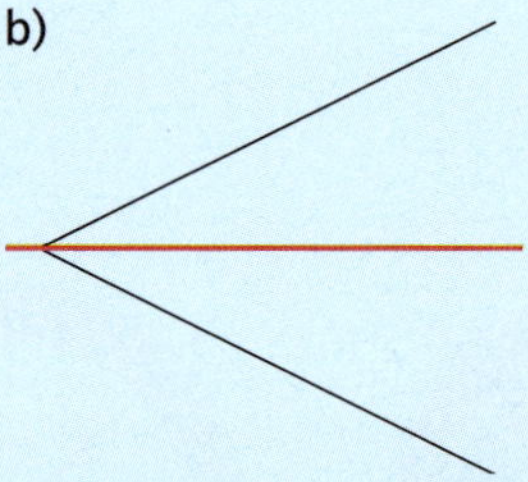

8

A′(4 | 2)
B′(6 | −2)

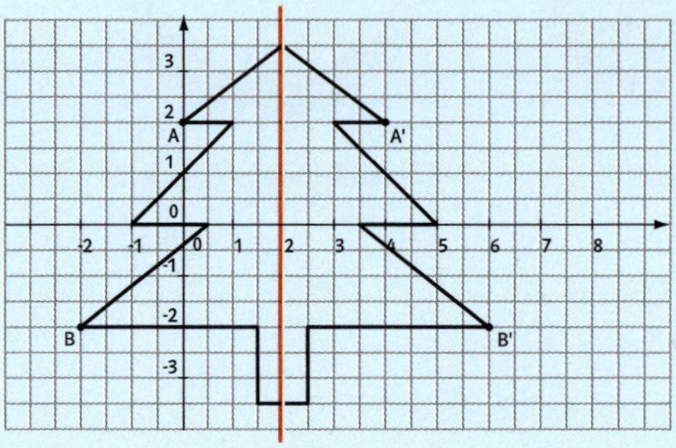

4.3 Achsenspiegelung

1

Die Koordinaten des Bildes von ABCD lauten:
A′(−3,5 | 6); B′(−2,5 | 11,5); C′(2,5 | 11); D′(1 | 2,5)

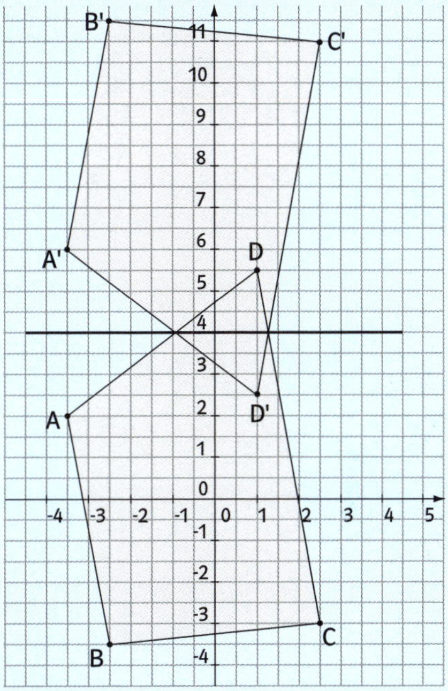

2

Im rechten Bild sind fünf Fehler:

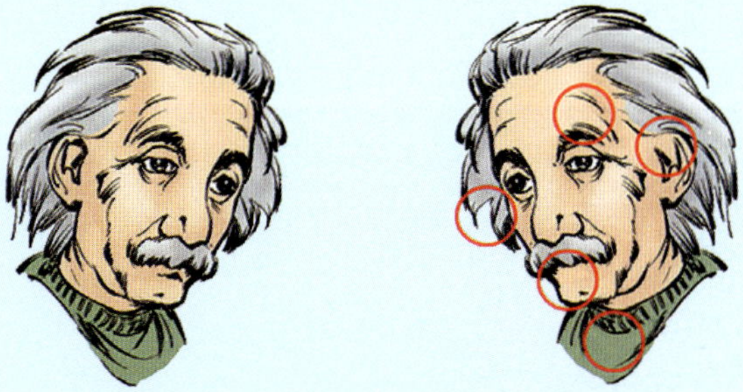

3

Wie im Kapitel beschrieben, kannst du mit Zirkel und Lineal die Achse konstruieren:

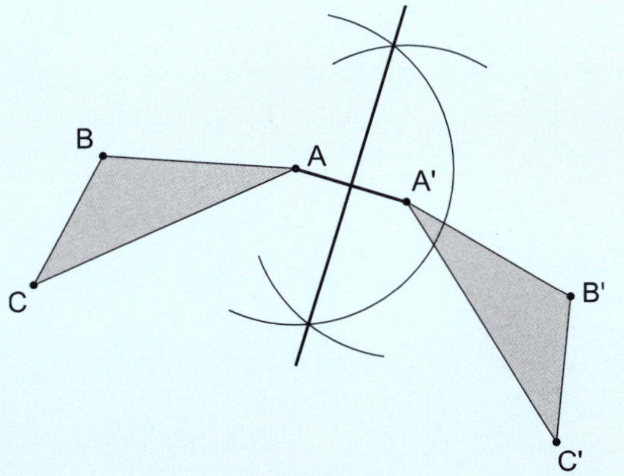

4

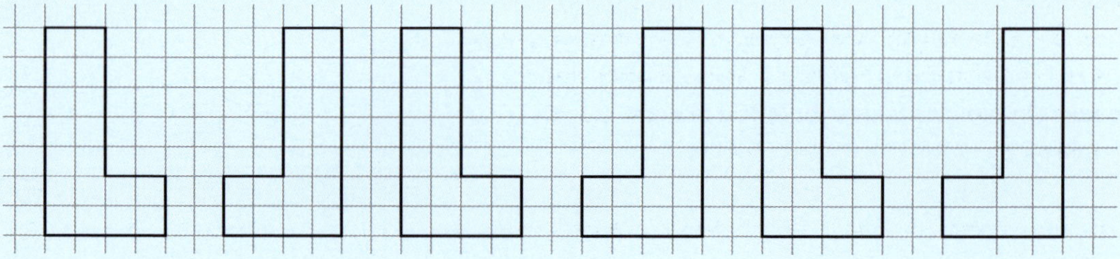

5

Bei jedem der Vierecke gibt es zwei Diagonalen, hier sind die Lösungen für beide Fälle dargestellt:

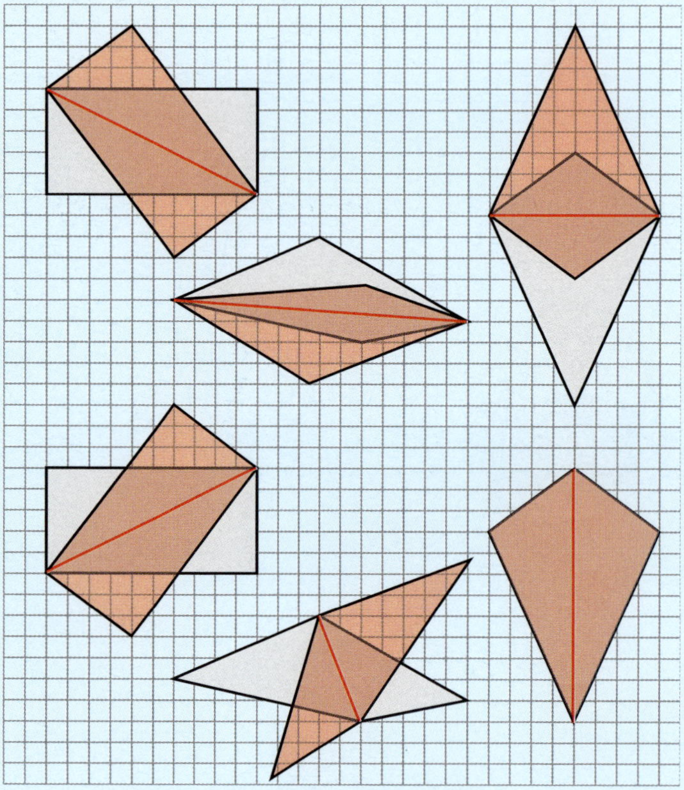

6

Stimmt das:

a) Ja, spiegelt man den Viertelkreis erst an einem Radius, so erhält man einen Halbkreis. Spiegelt man diesen anschließend an seinem Durchmesser, hat man den Vollkreis.

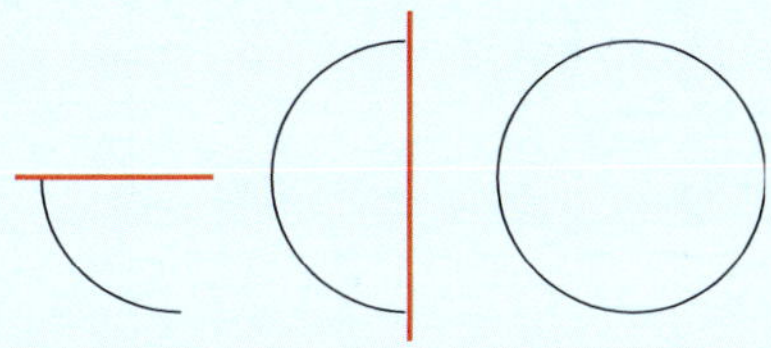

b) Ja, am Beispielbild siehst du gut, dass die Punkte beim „Zurückspiegeln" auf Punkte mit den ursprünglichen Koordinaten abgebildet werden.

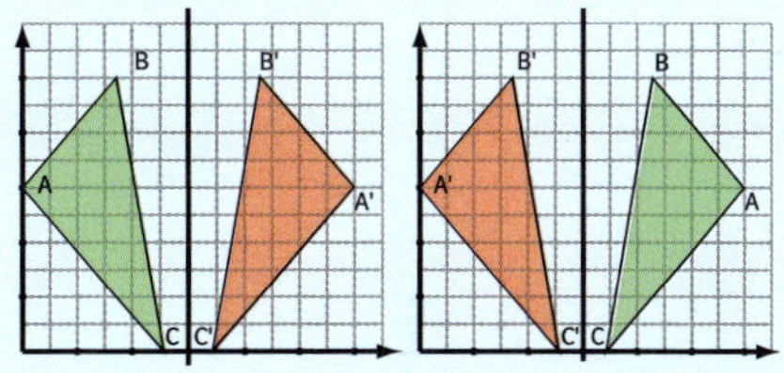

c) Nein, es gibt viele Figuren mit mehreren Symmetrieachsen (z. B. ein Quadrat), manche haben sogar unendlich viele (z. B. der Kreis).

7

Ein Kreis wird gespiegelt, indem man den Mittelpunkt M des Kreises spiegelt und um das Bild M' einen Kreis mit demselben Radius wie im Urbild schlägt.

8

Du konstruierst die Mittelsenkrechte der Strecke: Schlage dazu um die beiden Endpunkte der Strecke jeweils einen Kreis mit einem Radius, der so groß ist, dass sich diese Kreise je zweimal schneiden. Die Verbindungsgerade dieser beiden Schnittpunkte ist die Mittelsenkrechte (und hier die Symmetrieachse).

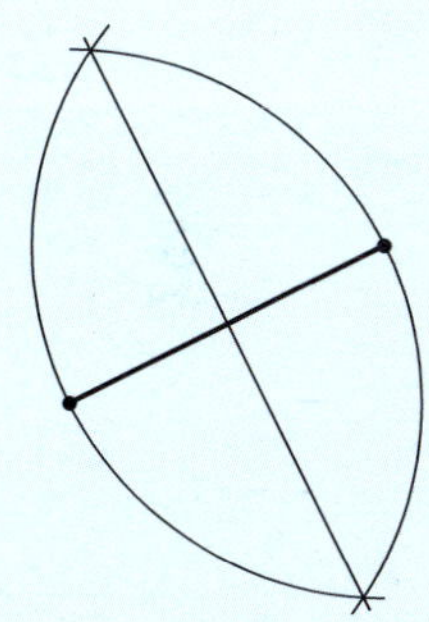

9

RELIEFPFEILER

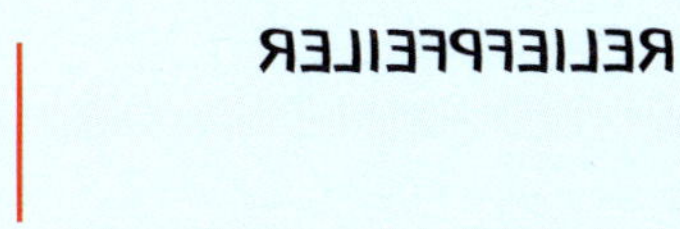

10

Das Dreieck, das bei der zweiten Spiegelung entsteht, entspricht dem Ausgangsdreieck. Die Koordinaten lauten: A'(3 | −2,5) und A''(8 | −2,5.).

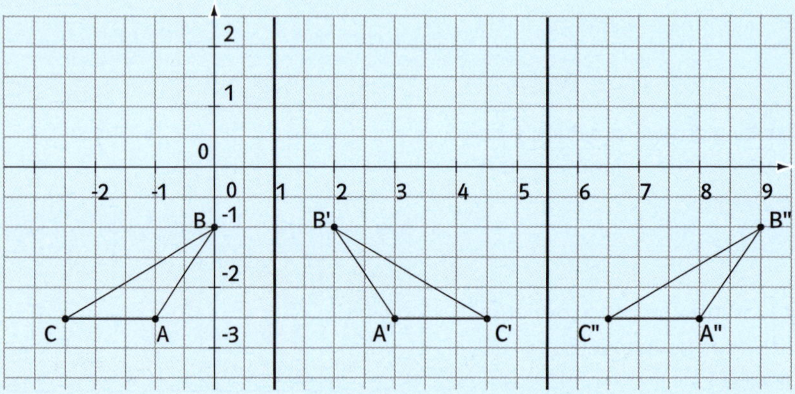

11

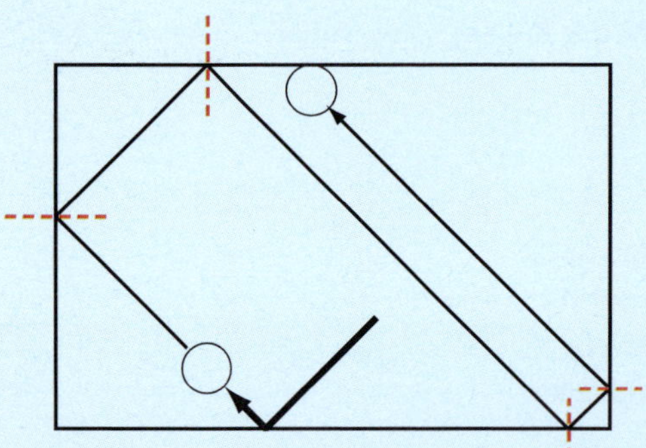

12

Linus muss seinen Namen spiegelbildlich in das Linoleum ritzen, das sieht dann so aus:
Probiere es aus, indem du dein Buch vor den Spiegel hältst!

4.4 Punktsymmetrie

1

nein

nein

ja

2

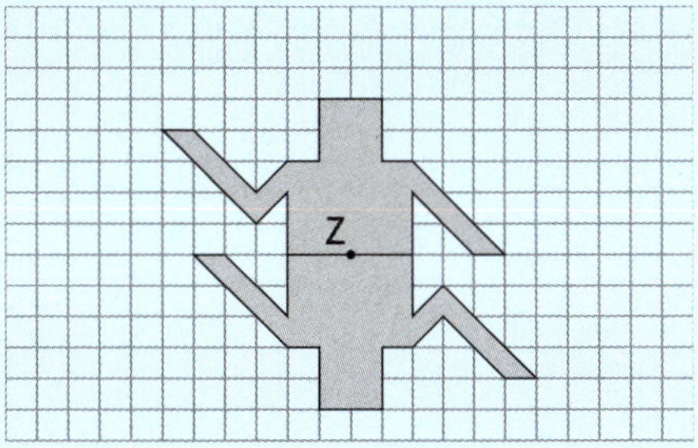

3

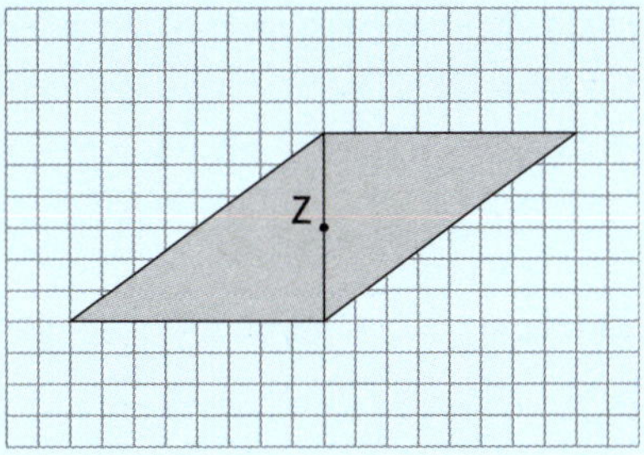

4

a) Nein, das ist nicht möglich, weil sich die Verbindungslinien entsprechender Punkte in **einem** Punkt schneiden müssen.

b) Sie kann Symmetrieachsen haben (siehe Aufgabe 1 Bild 3), sie muss aber nicht (siehe Bild zu Aufgabe 3).

5

Wenn du nicht sicher bist, ob deine Figuren punktsymmetrisch sind, könntest du sie von einem Mitschüler überprüfen lassen.

6

a)

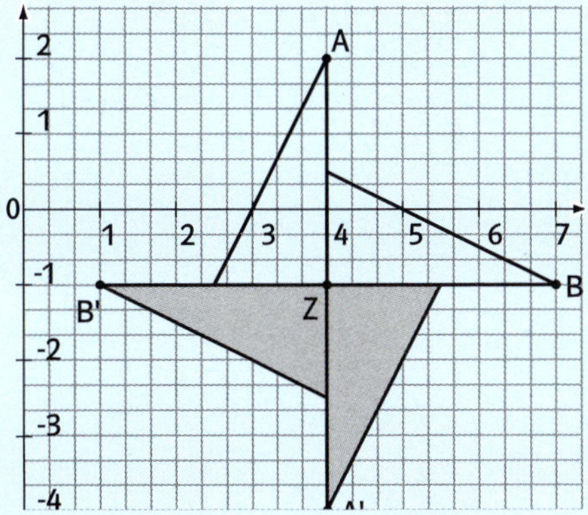

b) A′(4 | −4)
B′(1 | −1)

7

a) Die beiden Figuren sind nicht punktsymmetrisch, sondern achsensymmetrisch zueinander. Die Verbindungslinien entsprechender Punkte schneiden sich nicht in einem Punkt.

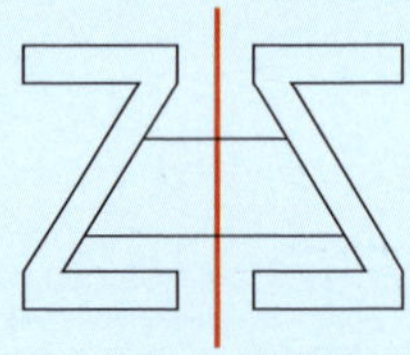

b) Sie sind sowohl punktsymmetrisch als auch achsensymmetrisch zueinander.

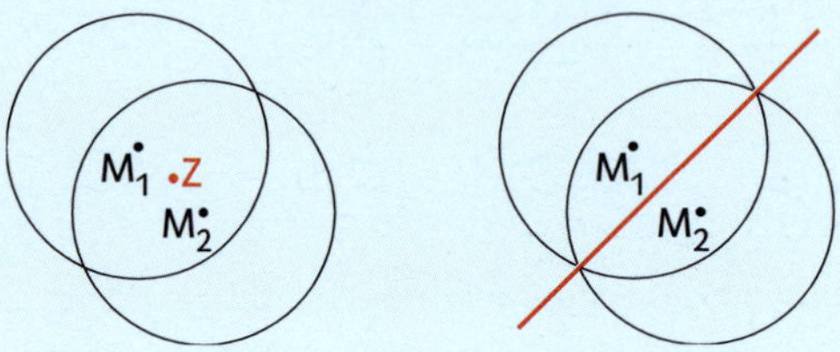

8

a)

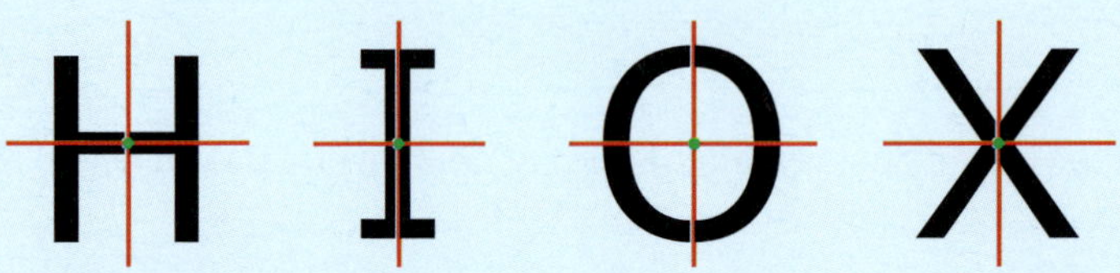

b) Die Symmetrieachsen sind zueinander orthogonal und schneiden sich in dem Punkt, der das Symmetriezentrum ist.

9

a) Das ist falsch. Ein Beispiel sind die Buchstaben Z oder S.
b) Das ist falsch. Ein Beispiel sind die Buchstaben A oder M.
c) Das ist wahr, siehe Aufgabe 8.

4.5 Punktspiegelung

1

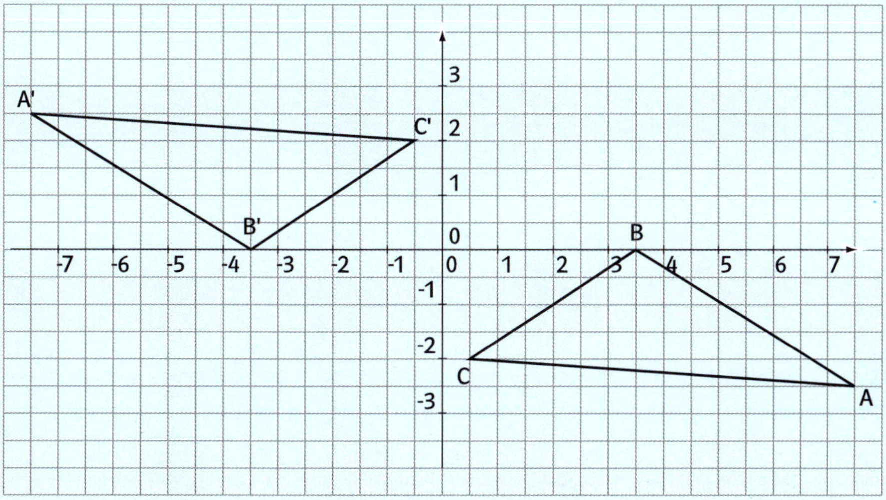

2

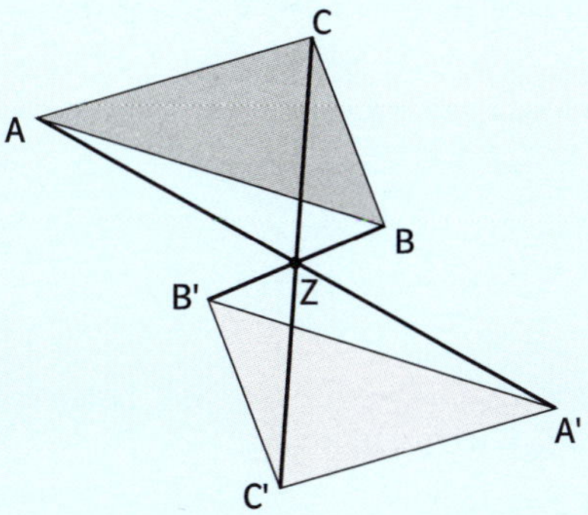

3

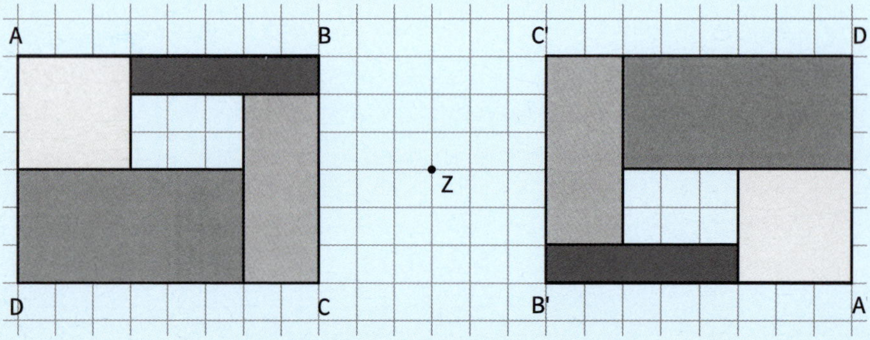

4

Ja, nur erhält man nicht unbedingt die Ausgangsfigur zurück. Rechtecke beispielsweise sind punktsymmetrisch zum Schnittpunkt ihrer Diagonalen, bei beliebigen Vielecken ist dies nicht der Fall! Beispiele:

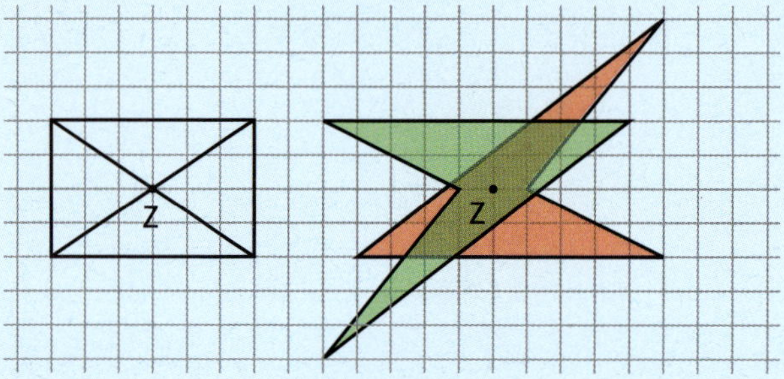

5

Robin hat Recht, da ein Dreieck ja aus nur drei Punkten besteht und somit einem Punkt ein „Spiegelpartner" fehlt. Dies ist bei allen Vielecken mit einer ungeraden Zahl an Ecken der Fall.

6

Stimmt das:

a) Nein! Man erhält nur zwei gegenüberliegende Viertelkreise, ein Vollkreis ist nicht möglich.

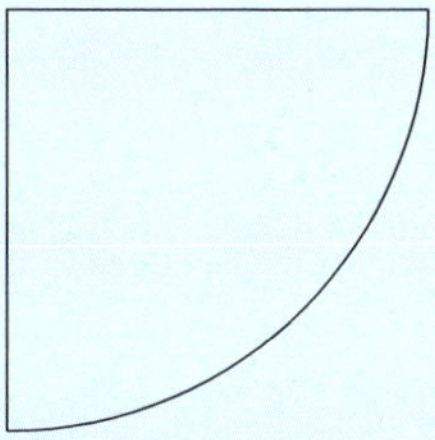

b) Ja, am Beispielbild siehst du gut, dass die Punkte beim „Zurückspiegeln" auf Punkte mit den ursprünglichen Koordinaten abgebildet werden.

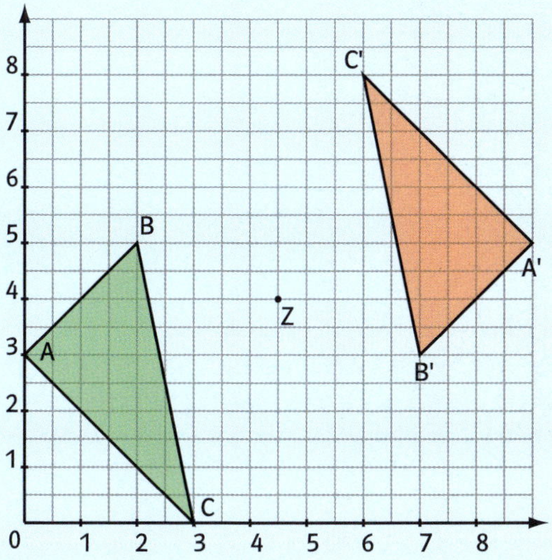

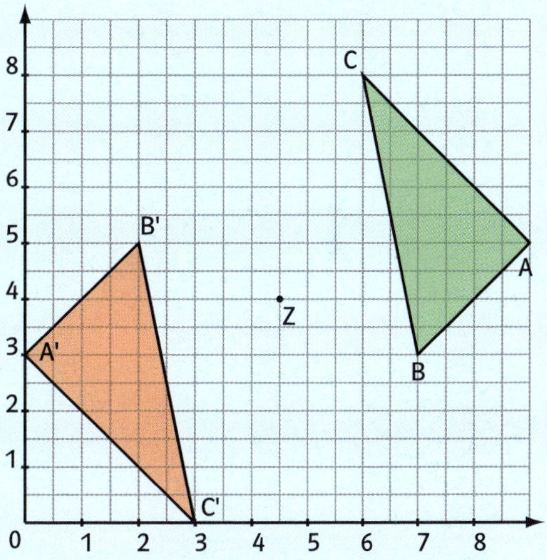

c) Ja: Ist eine Figur punktsymmetrisch, so gibt es genau ein Symmetriezentrum, da sich die Verbindungsgeraden entsprechender Punkte ja in nur einem Punkt schneiden können.

7

Andreas hat drei Fehler gemacht.

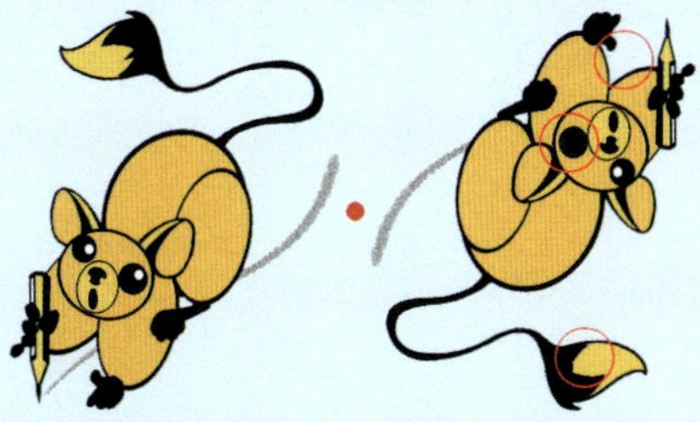

8

a) Z hat die Koordinaten (3 | 2).

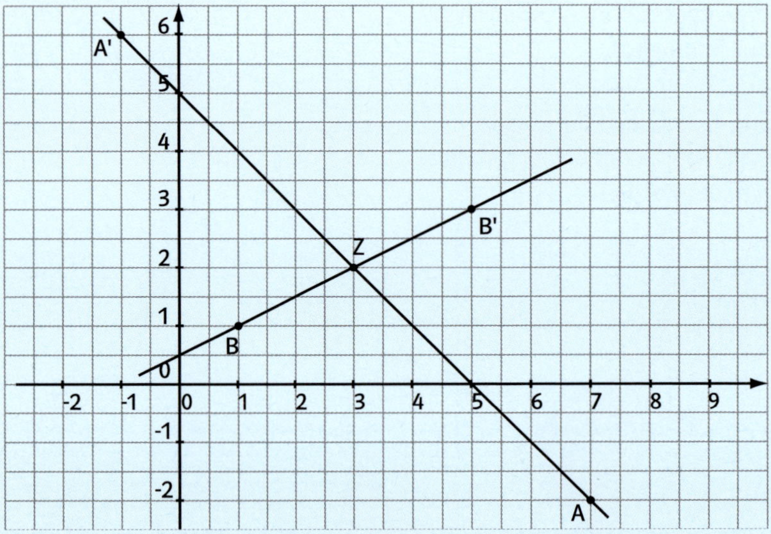

b) Addiert man die x-Werte entsprechender Punkte und dividiert das Ergebnis durch zwei, so erhält man den x-Wert von Z, z. B. da A (7 | −2) und A′ (−1 | 6) gilt für den x-Wert von Z: (7 + (−1)) : 2 = 3. Natürlich hätte man auch B nehmen können: B (1 | 1) und B′ (5 | 3): (1 + 5) : 2 = 3.
Für den y-Wert von Z geht man genauso vor.

9

Wie du ja in der Aufgabe 6b) schon gesehen hast, erhältst du dasselbe Dreieck wieder. Das ist nicht überraschend, weil durch die zweite Spiegelung die erste rückgängig gemacht wird und dadurch das Ausgangsdreieck wieder entstehen muss.

4.6 Parallelverschiebung

1

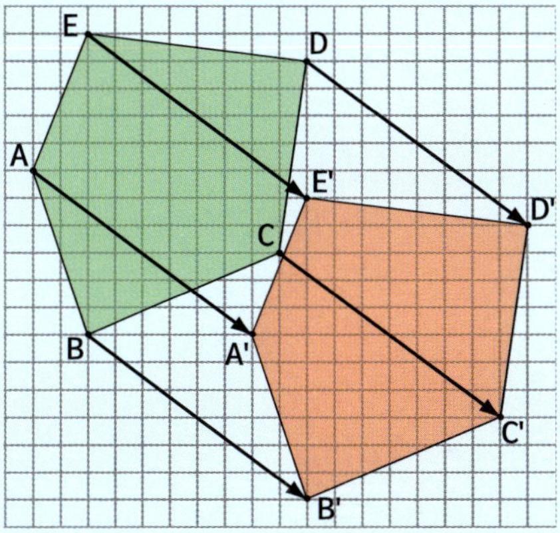

2

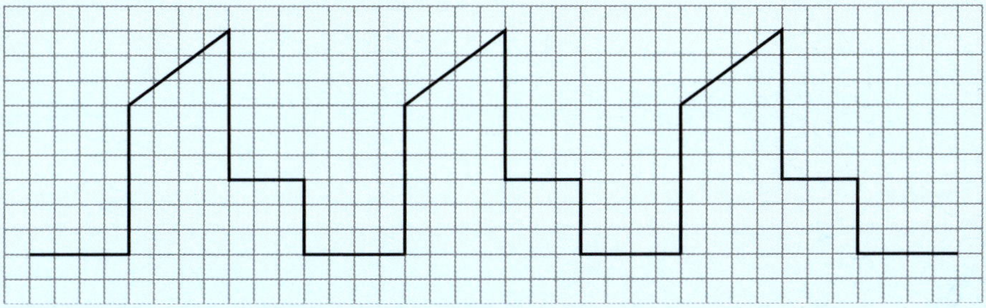

3

Die Dreiecke werden durch eine Punktspiegelung an Z aufeinander abgebildet. Die beiden Buchstaben L werden durch eine Achsenspiegelung aufeinander abgebildet.

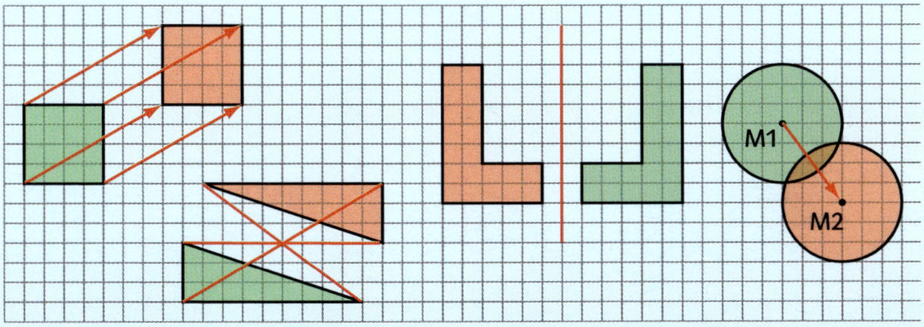

4

a) A′(−2 | 1), B′(2 | 1), C′(1 | 3)

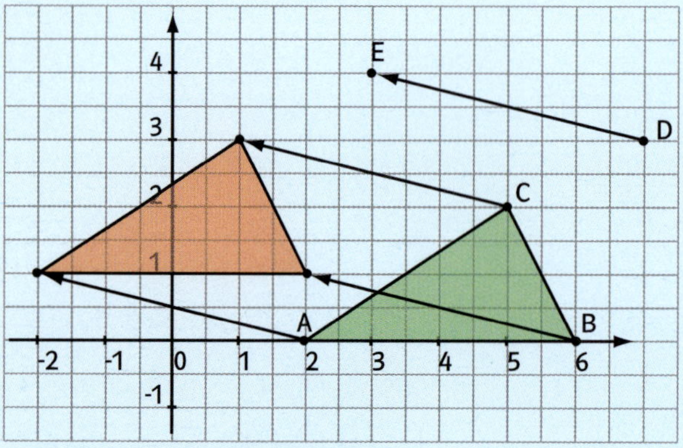

b) B′(2|-2), C′(6|-3), D′(7|-1), E′(3|2)

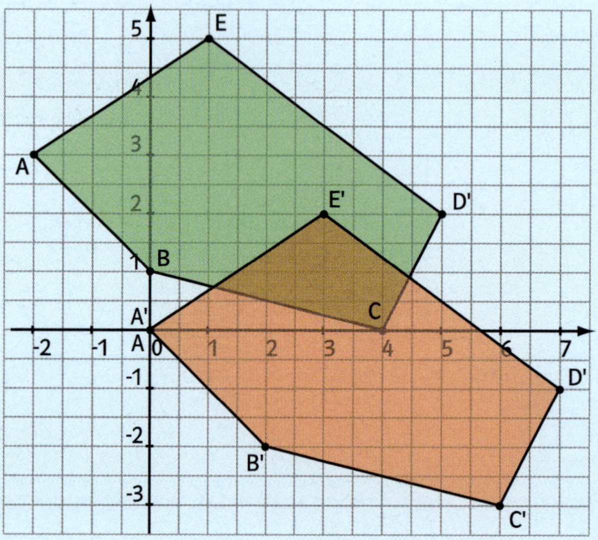

5

a) Man wählt zwei Punkte auf der Geraden aus, verschiebt diese und zeichnet die Bildgerade durch die zwei Bildpunkte.

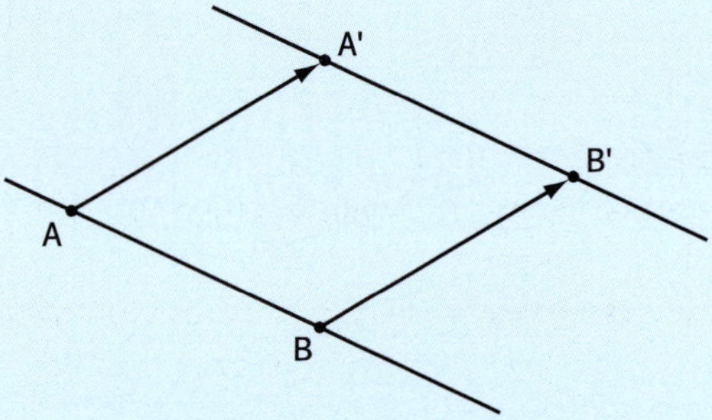

b) Das Bild der Geraden g liegt auf der ursprünglichen Geraden. Die Gerade g ist eine Fixgerade.

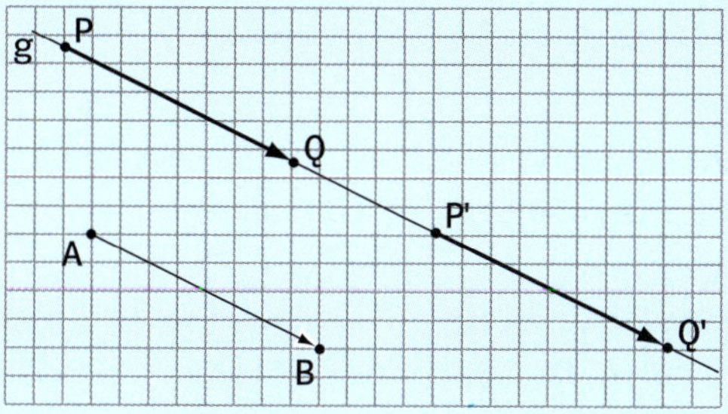

6

Der Schnittpunkt des ersten Kreises mit dem eingezeichneten Radius wird der Mittelpunkt des Bildkreises.
Der Radius des Bildkreises ist gleich dem des ursprünglichen Kreises.

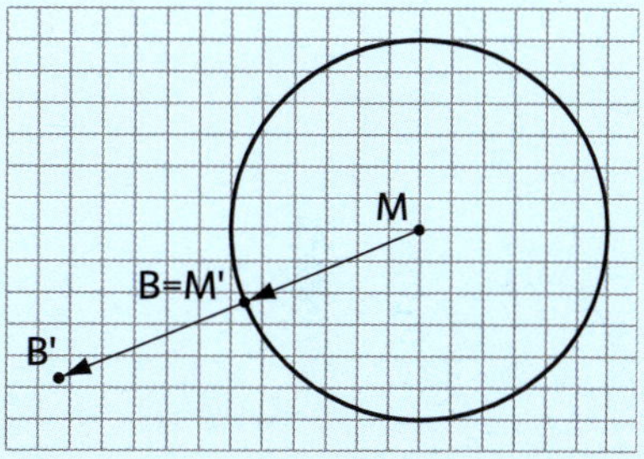

7

Die gesuchte Abbildung ist die Parallelverschiebung $\overrightarrow{BB''}$.

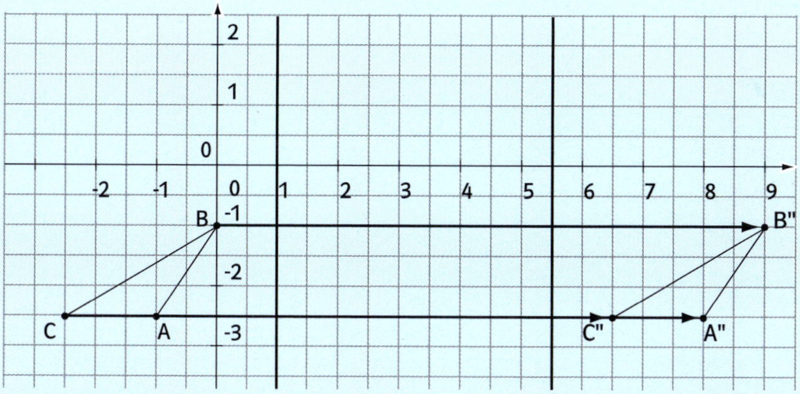

8

a) Diese Aussage stimmt.
b) Diese Aussage ist falsch. Alle Geraden, die parallel zu den Verschiebungspfeilen sind, sind Fixgeraden.
c) Diese Aussage ist falsch. Man muss den Mittelpunkt und einen Punkt auf der Kreislinie verschieben.

Test

1

Die Koordinaten eines Punktes P ändern sich folgendermaßen: (jeweils 1 P.)

a) bei Spiegelung an der x-Achse bleibt der x-Wert erhalten und beim y-Wert ändert sich das Vorzeichen, so wird z. B. aus P(3 | 4) der Punkt P′(3 | −4) oder aus Q(−4 | −7) wird Q′(−4 | 7).

b) bei Spiegelung an der y-Achse bleibt der y-Wert erhalten und beim x-Wert ändert sich das Vorzeichen, so wird z. B. aus P(3 | 4) der Punkt P′(−3 | 4) oder aus Q(−4 | −7) wird Q′(4 | −7).

c) eine Punktspiegelung am Ursprung ist im Prinzip erst eine Spieglung an der x-Achse und dann an der y-Achse, es ändern also beide Wert das Vorzeichen: aus P(3 | 4) der Punkt P′(−3 | −4) oder aus Q(−4 | −7) wird Q′(4 | 7).

2

achsen-symmetrisch — achsen-symmetrisch — punkt-symmetrisch

3

a) durch eine Verschiebung:

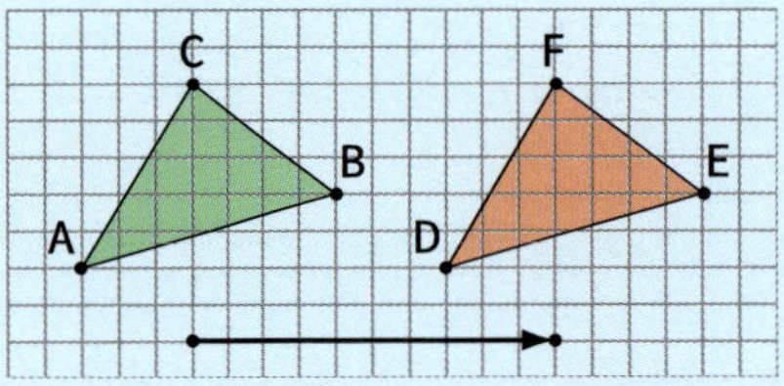

b) Vorsicht: nicht durch eine Punktspiegelung! Die Verbindungsgeraden entsprechender Punkte schneiden sich nicht in einem Punkt!

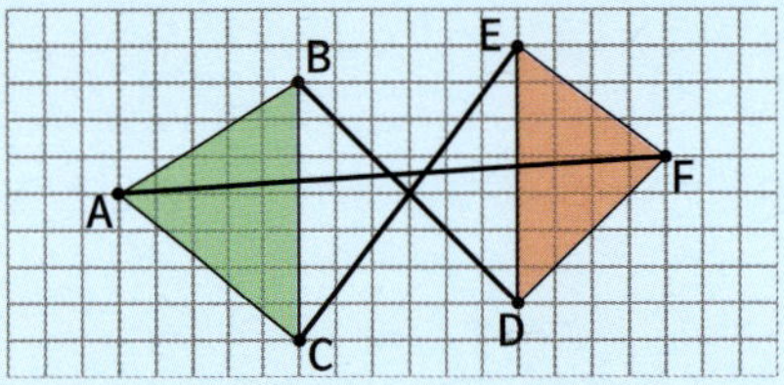

c) Hier ist alles möglich: eine Punktspiegelung oder Achsenspiegelung oder eine Verschiebung!

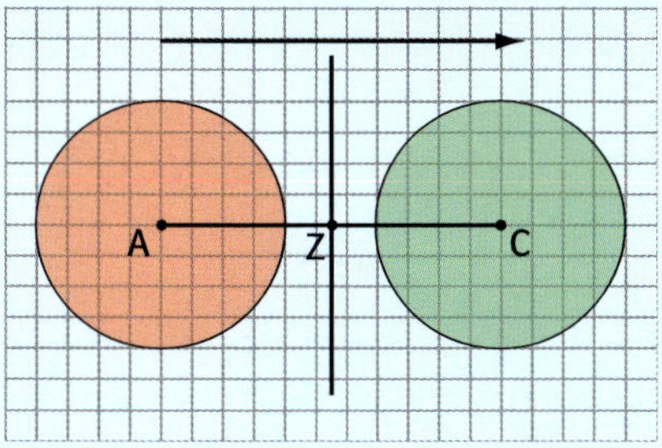

4

a)

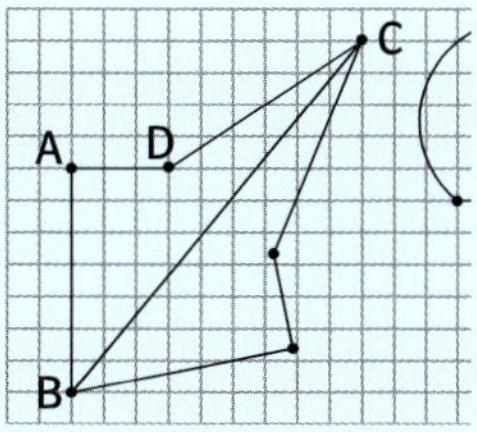

b)

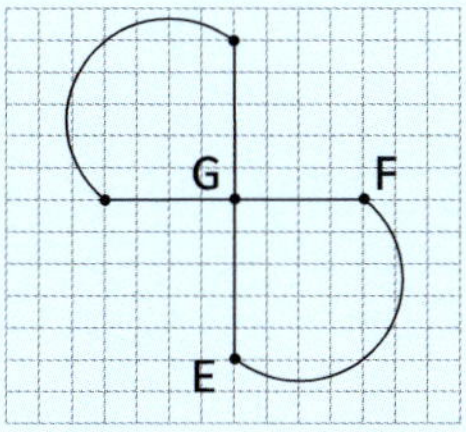

(jeweils 1 P.)

5

Bei der Begriffserklärung ist es ganz wichtig, dass du deine eigenen Worte verwendest und nicht einfach Erklärungen abschreibst, die du nicht verstanden hast. Prüfe, ob du die Begriffe sinngemäß richtig erklärt hast. In Klammern ist jeweils das Unterkapitel angegeben, in dem im Buch Erklärungen stehen:

Bild und Urbild (3), punktsymmetrisch (4) , Achsensymmetrie (2), Fixpunkt (3), Fixgerade (3), senkrecht (1), parallel (1), Verschiebepfeil (6).

6

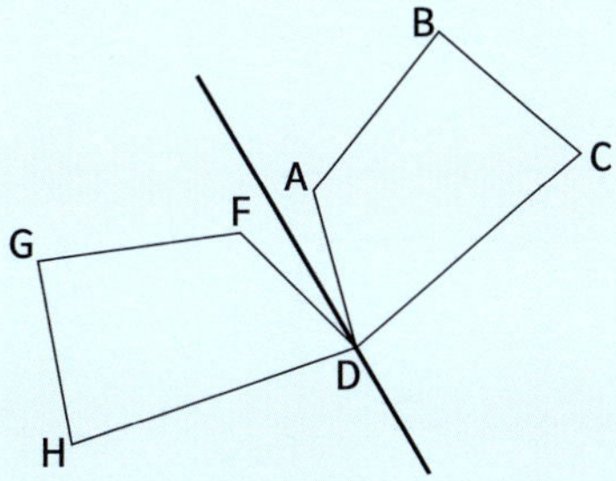

7

a) 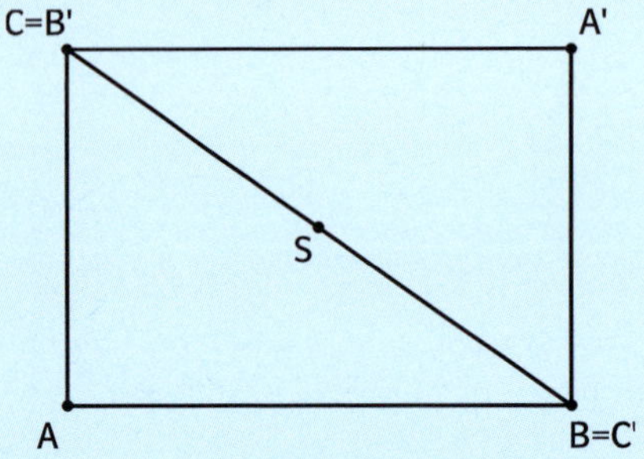

b) 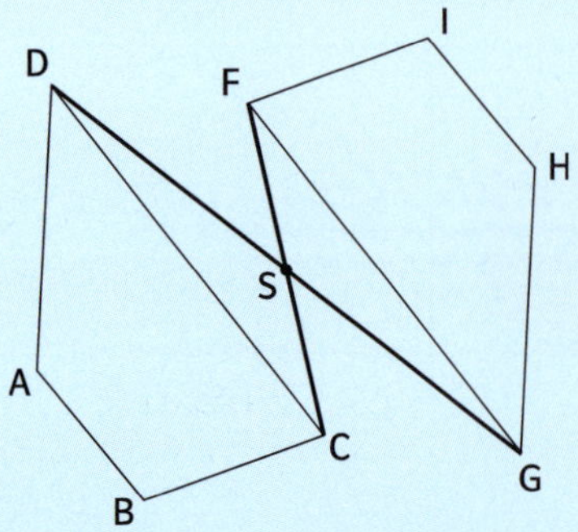

8

A′ (2 | −2,5); B′(4 | 2,5); C′(0 | 0,5)

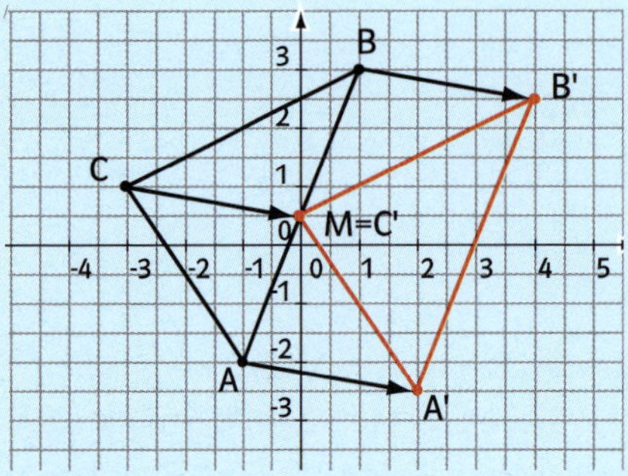

9

a) $g \parallel k$; $i \perp g$; $i \perp k$; $m \perp h$

b) 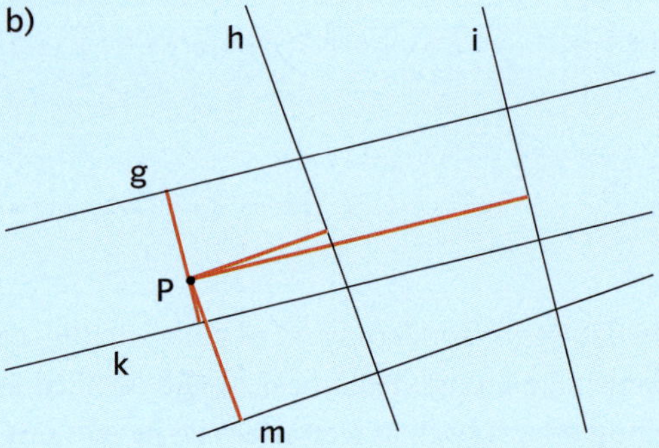

10

Behauptung	wahr	falsch	Skizze
Wenn eine Gerade g orthogonal zu einer Geraden h ist und h orthogonal zu einer weiteren Geraden k, dann ist auch g orthogonal zu k		×	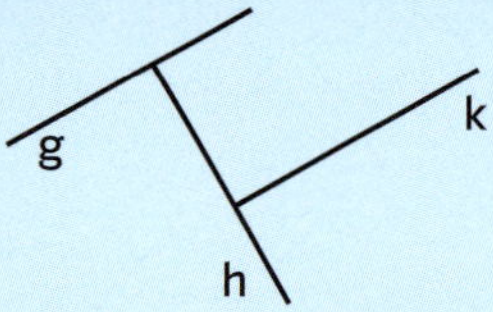
Alle Rechtecke sind punktsymmetrisch und achsensymmetrisch.	×		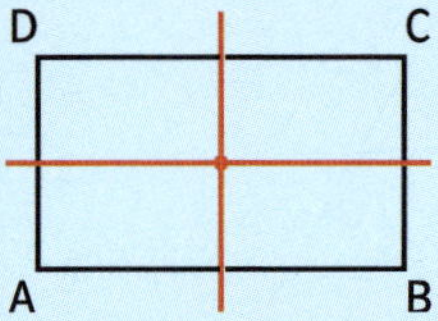
Es gibt Figuren, die sind punktsymmetrisch und haben genau eine Symmetrieachse.		×	Siehe Aufgabe 8 in Abschnitt 4.4.

5 Flächen und Flächenmessung

5.1 Flächen

1
a) 4 Kästchen b) 5 Kästchen c) 4 Kästchen d) 3 Kästchen

2
a) 32 K. b) 25 K. c) 17 K. d) 22 K. also c) < d) < b) < a)

3
Alle Figuren haben einen Flächeninhalt von acht Kästchen.

5.2 Maßeinheiten für Flächeninhalte

1
a) m^2 b) m^2 c) dm^2 d) cm^2 e) m^2 f) a oder ha

2
Fingernagel: $1\,cm^2$; Briefmarke: $6\,cm^2$; Spielkarte: $51\,cm^2$; Buch: $6\,dm^2$; Bildschirm: $12\,dm^2$

3
a) $1000\,m^2 = 10\,a$
b) $1000\,m^2 = 10\,a$

4
Baden-Württemberg hat einen Flächeninhalt von rund $35\,000\,m^2$. Du kannst den Umriss der Abbildung auf kariertes Papier durchpausen und die Kästchen auszählen. Der Maßstab gibt dir an, wie groß ein Kästchen in der Wirklichkeit ist.

5.3 Umwandeln in andere Flächeneinheiten

1
a) $3\,cm^2$ b) 7 a c) $20\,m^2$ d) $50\,km^2$ e) 9 ha f) $10\,dm^2$ g) 90 a h) 100 ha

2

a) 1,7 dm^2 b) 5,8 km^2 c) 3,3 m^2 d) 0,5 cm^2 e) 0,3 ha f) 0,75 a
g) 5,6 a h) 24,4 dm^2

3

a) 500 dm^2 b) 2400 a c) 400 m^2 d) 3200 mm^2 e) 5300 cm^2 f) 700 ha
g) 4700 a h) 56700 m^2 i) 620 ha j) 601 dm^2 k) 1370 a l) 30 m^2

4

a) 5 dm^2 b) 23 ha c) 30000 m^2 d) 3,4 ha e) 5000 cm^2 f) 3750 m^2
g) 0,951 a h) 69000000000 mm^2 i) 9802 m^2

5.4 Der Flächeninhalt von Rechtecken

1

a) 60 m^2 b) 120 cm^2 c) 96 mm^2 d) 120 cm^2 e) 300 dm^2
f) $8\,cm \cdot 20\,cm = 160\,cm^2$ g) 15 dm^2

2

a) 72 cm^2 b) 4 m c) $2000\,m^2 : 20\,m = 100\,m$ d) 17 dm

3

a) $6500\,m^2 = 65\,a$ b) $8625\,m^2 = 86{,}25\,a$ c) $7140\,m^2 = 71{,}40\,a$

4

a)
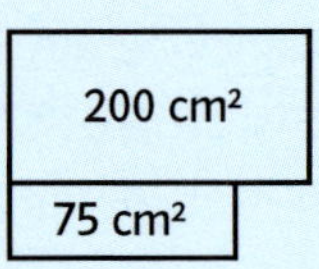

Die Figur hat einen Flächeninhalt von 275 cm^2.

b)
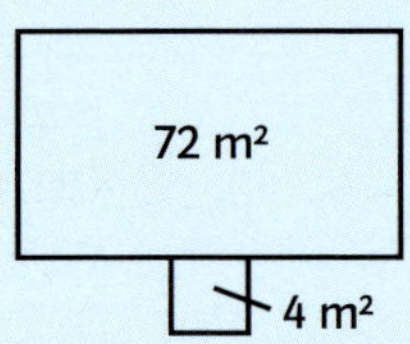

Die Figur hat einen Flächeninhalt von 76 m^2.

5

a) Der Flächeninhalt wird auch doppelt so groß.
b) Der Flächeninhalt wird viermal so groß.
c) Der Flächeninhalt bleibt gleich.

5.5 Flächeninhalt von Dreiecken und Parallelogrammen

1

a) $A = 4\,cm \cdot 2\,cm : 2 = 4\,cm^2$
b) $A = 4\,cm \cdot 5\,cm : 2 = 10\,cm^2$
c) $A = 32\,mm \cdot 32\,mm : 2 = 512\,mm^2 = 5{,}12\,cm^2$

2

a) $280\,mm^2 = 2{,}8\,cm^2$
b) $246\,mm^2 = 2{,}46\,cm^2$
c) $230\,mm^2 = 2{,}3\,cm^2$

3

a) $400\,mm^2 = 4\,cm^2$
b) $400\,mm^2 = 4\,cm^2$

4

a) $A = 6\,cm \cdot 5\,cm : 2 = 15\,cm^2$
b) $A = 525\,mm^2 = 5{,}25\,cm^2$
c) Hier musst du den Flächeninhalt mit 2 multiplizieren und das Ergebnis durch die Höhe dividieren, damit du die fehlende Seite erhältst, also Seite $g = 10\,cm^2 \cdot 2 : 2\,cm = 10\,cm$
d) 4 cm

5

Achte darauf, dass die Seite und zugehörige Höhe miteinander multipliziert **$32\,cm^2$** ergeben, also z. B. Seite = 8 cm, Höhe = 4 cm.

6

a) $\overline{AC} = \overline{BD} = 3\,cm$; Höhe = 4 cm; $A = 3\,cm \cdot 4\,cm = 12\,cm^2$
b) $\overline{AB} = \overline{CD} = 5\,cm$; Höhe = 3 cm; $A = 5\,cm \cdot 3\,cm = 15\,cm^2$
c) $\overline{DA} = \overline{CB} = 4\,cm$; Höhe = 3 cm; $A = 4\,cm \cdot 3\,cm = 12\,cm^2$

7

a) $512\,mm^2 = 5{,}12\,cm^2$
b) $675\,mm^2 = 6{,}75\,cm^2$

8

a) $450\,mm^2 = 4{,}5\,cm^2$
b) $880\,mm^2 = 8{,}8\,cm^2$

9

a) $A = 20\,cm^2$
b) $g = 30\,cm^2 : 5\,cm = 6\,cm$
c) $A = 180\,dm^2$
d) $h = 90\,dm^2 : 15\,dm = 6\,dm$

10

Hier müssen Seite und zugehörige Höhe miteinander multipliziert **$20\,cm^2$** ergeben, also z. B. Seite = 5 cm, Höhe = 4 cm.

5.6 Umfang einer Fläche

1

a) $U = 2 \cdot 3{,}5\,cm + 2 \cdot 2\,cm = 11\,cm$

b) $U = 5 \cdot 2\,cm = 10\,cm$

2

a) $U = 40\,cm$ b) $U = 16\,cm$ c) $b = a = 2{,}5\,cm$; $U = 10\,cm$

d) Rechne so: $U = 2 \cdot b + 2 \cdot a$; also $U - 2b = 2a = 30\,cm - 2 \cdot 5\,cm = 20\,cm$
also $a = 20\,cm : 2 = 10\,cm$

e) Beim Quadrat sind alle 4 Seiten gleich, also $a = b = U : 4$; $a = b = 24\,cm : 4 = 6\,cm$.

3

a) Dreieck mit $U = 14{,}3\,cm$; $A = 5\,cm \cdot 3{,}3\,cm : 2 = 8{,}25\,cm^2$

b) Quadrat mit $U = 4 \cdot 4{,}2\,cm = 16{,}8\,cm$; $A = 17{,}64\,cm^2$

c) Parallelogramm mit $U = 16{,}4\,cm$; $A = 6\,cm \cdot 2\,cm = 12\,cm^2$

d) Parallelogramm mit $U = 14{,}6\,cm$; $A \approx 10{,}71\,cm^2$

4

Die Lösungen hier sind Beispiele. Überprüfe deine Lösungen.

a)

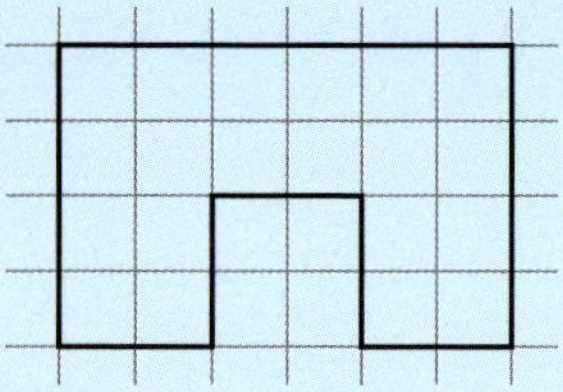

b)

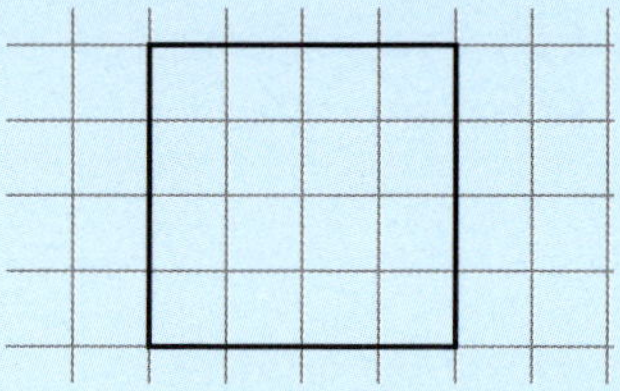

c)

d)

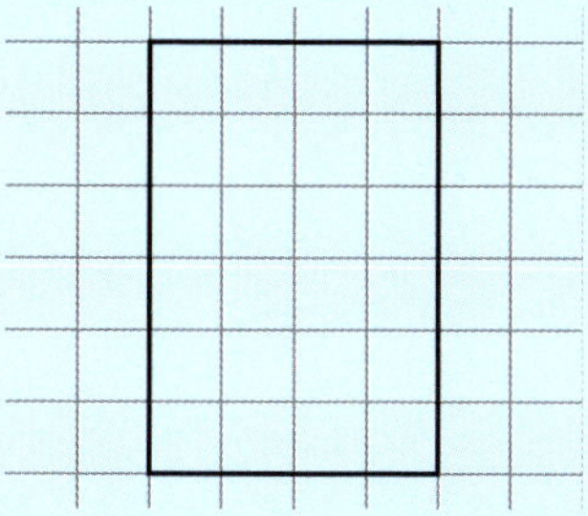

e)

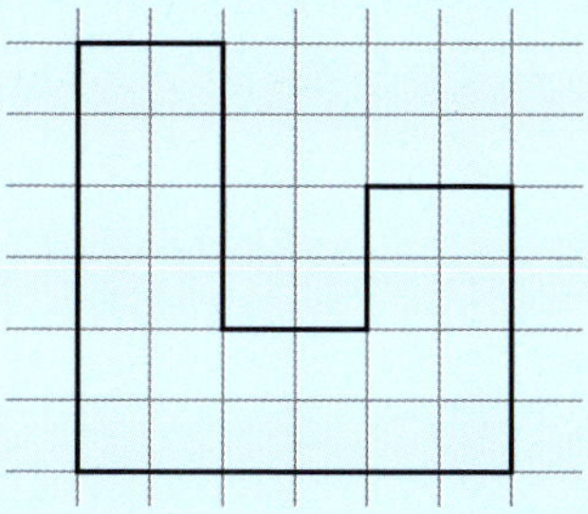

f)

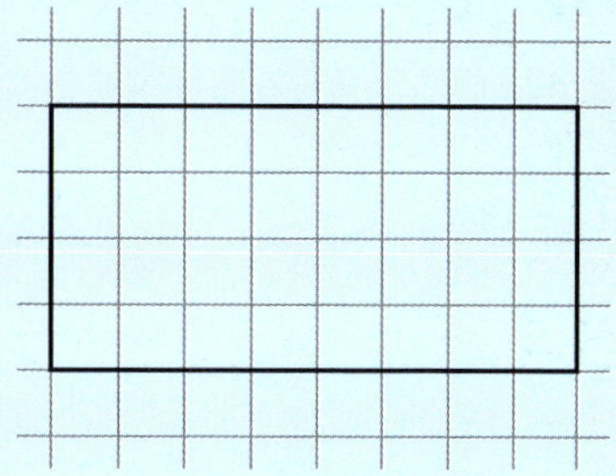

5.7 Vermischte Aufgaben

1

a) Hier ergänzt du die Figur am besten zuerst zu einem Reckteck und ziehst dann die Lücken ab, also $6\,cm \cdot 5 \cdot 2\,cm - 2 \cdot 4\,cm \cdot 2\,cm = 60\,cm^2 - 16\,cm^2 = 44\,cm^2$. $A = 44\,cm^2$

b) Hier ziehst du von der Fläche des äüßeren Quadrats die des inneren ab, also $5\,cm \cdot 5\,cm - 3\,cm \cdot 3\,cm = 25\,cm^2 - 9\,cm^2 = 16\,cm^2$. $A = 16\,cm^2$.

2

a) $A = 5{,}6\,cm^2$; $U \approx 10\,cm$

b) $A = 4\,cm^2$; $U \approx 9\,cm$

c) $A = 15\,cm^2$; $U \approx 15{,}8\,cm$

3

a) $A = 6\,cm^2$

b) $A = 3{,}2\,cm^2$

c) $6\,cm^2$

d) $8{,}5\,cm^2$

4

a) Rechnung: $20\,m + 28\,m + 34\,m + 18\,m + 14\,m + 10\,m = 124\,m$
Bauer Wiese benötigt 124 m Zaun.

b) Rechnung: $34\,m \cdot 18\,m + 20\,m \cdot 10\,m = 812\,m^2 = 8{,}12\,a$
Die Koppel hat 8,12 a Rasenfläche.

5

Zerlege in geeignete Teilflächen und rechne dann. Das Dreieck in der linken Fläche hat die Grundlinie 12,80 m und die Höhe $13\,m - 10{,}20\,m = 2{,}80\,m$, seine Fläche ist dann $12{,}80\,m \cdot 2{,}80\,m : 2$.

1. Außenfläche berechnen:
   $A = 12{,}80\,m \cdot 10{,}20\,m + 6{,}40\,m \cdot 2{,}80\,m + 2 \cdot 10{,}20\,m \cdot 9{,}80\,m + 7{,}60\,m \cdot 7{,}80\,m = 407{,}68\,m^2$
2. Benötigte l Farbe: $407\,m^2 : 5\,m^2 \approx 82\,l$
3. Anzahl der Eimer: $82\,l : 30\,l \approx 2{,}7$, also 3 Eimer
4. Kosten berechnen: $3 \cdot 69\,€ = 207\,€$ Die benötigte Farbe kostet 207 €.

Test

1

a) 500 a b) 3200 ha c) 1200 mm^2 d) 70 000 m^2
e) 67100 m^2 f) 405 m^2 g) 0,097 cm^2 h) 80 dm^2

2

a) Z. B. ein Rechteck mit den Seiten 3 cm und 6 cm.
b) Z. B. ein Rechteck mit den Seiten 5 cm und 6 cm. *Tipp: Umgerechnet ist der Flächeninhalt 30 cm^2.*

3

a) $A = 54\,cm^2$; $U = 30\,cm$ b) $A = 180\,m^2$; $U = 54\,m$ c) $A = 210\,cm^2$; $U = 62\,cm$

4

a) $A = 3{,}75\,cm^2$; $U = 8\,cm$ b) $A = 3\,cm^2$; $U = 8\,cm$ c) $A = 7\,cm^2$; $U = 12\,cm$
d) $A = 2{,}25\,cm^2$; $U = 10\,cm$

5

Für den Teppich musst du den Flächeninhalt berechnen und die Maßzahl mit 9 € multiplizieren.
$A_{Teppich} = 2\,m \cdot 4{,}5\,m + 2\,m \cdot 5{,}50\,m = 9\,m^2 + 11\,m^2 = 20\,m^2$ Kosten: $20 \cdot 9\,€ = 180\,€$
Für die Fußleiste musst du den Umfang ohne die Tür berechnen.
$U_{Leiste} = 4{,}50\,m + 4\,m + 5{,}50\,m + 2\,m + 2\,m = 18\,m$ Kosten: $18 \cdot 4{,}50\,€ = 81\,€$
Kosten insgesamt: $180\,€ + 81\,€ = 261\,€$

6

a) Dorf: 2 km^2 b) Zimmer: 15 m^2
c) Taste eines Taschenrechners: 0,25 cm^2 d) Monitor: 11,40 dm^2

7

a) $A \approx 9{,}735\,cm^2$; $U \approx 14{,}4\,cm$ b) $A = 10\,cm^2$; $U \approx 14{,}4\,cm$ c) $A \approx 20{,}91\,cm^2$; $U \approx 18{,}6\,cm$

8

Australien hat einen Flächeninhalt von 7,7 Mio. km^2. Du kannst den Flächeninhalt näherungsweise bestimmen, indem du mit Hilfe des Maßstabs Kästchen einzeichnest und auszählst.

6 Körper und Körperberechnungen

6.1 Geometrische Körper und ihre Grundformen

1

Körper	Anzahl der Flächen	Anzahl der Kanten	Anzahl der Ecken
Würfel	6	12	8
Dreieckprisma	5	9	6
Sechseckprisma	8	18	12
Dreieckpyramide	4	6	4
Viereckpyramide	5	8	5
Sechseckpyramide	7	12	7
Zylinder	3	2	0
Kugel	1	0	0

2

Im Alltag finden Quader überall dort Gebrauch, wo etwas gut gestapelt werden muss, z. B. als Verpackung für Schokoküsse, Müsli, Fernsehapparate und viele andere Gegenstände. Zylinderförmig sind Konservendosen, weil beim Befüllen wenig Platz verschwendet wird. Trichter haben Kegel- oder Pyramidenform, da sie unten spitz zulaufen müssen.

6.2 Raumvorstellung – Schrägbilder

1

Die Grafiken sind verkleinert.

a)

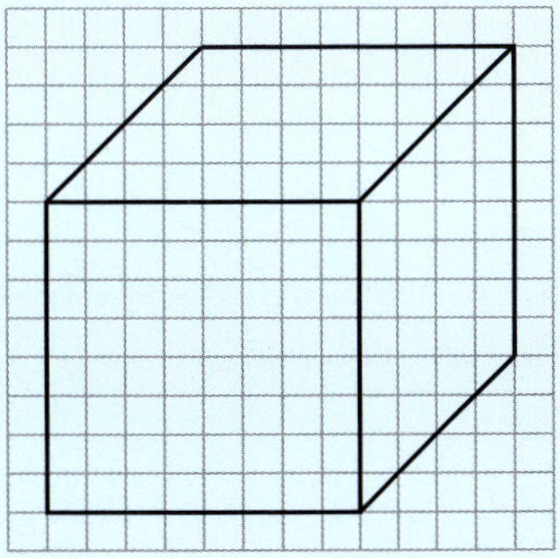

b)

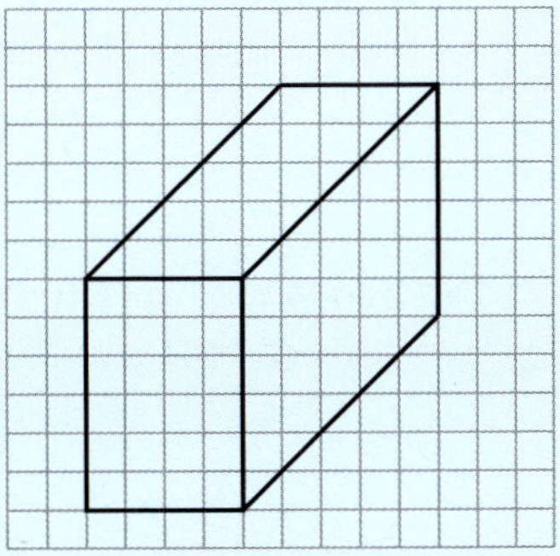

c)

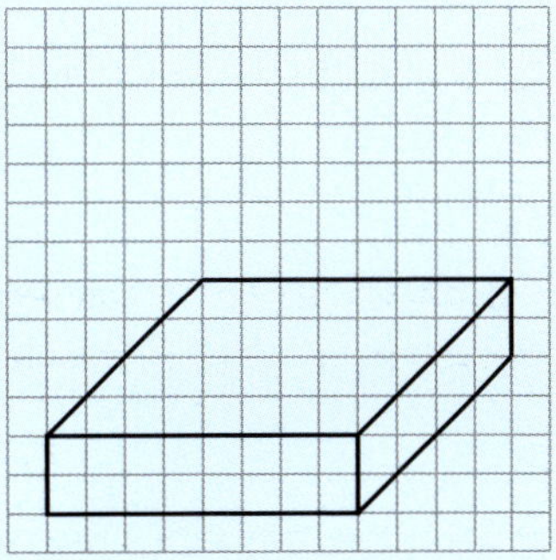

2

Die Grafiken sind verkleinert.

a)

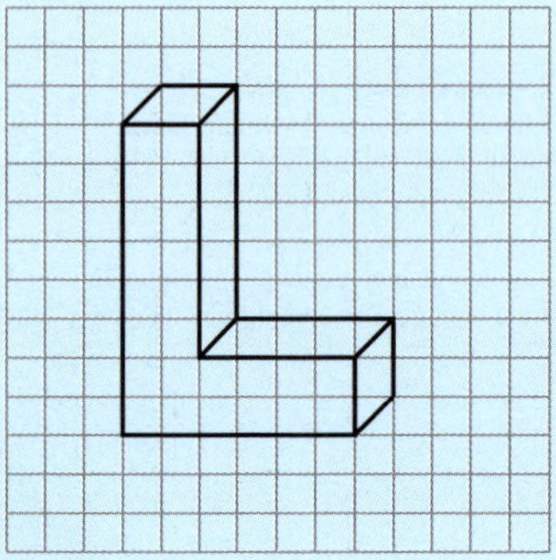

b)

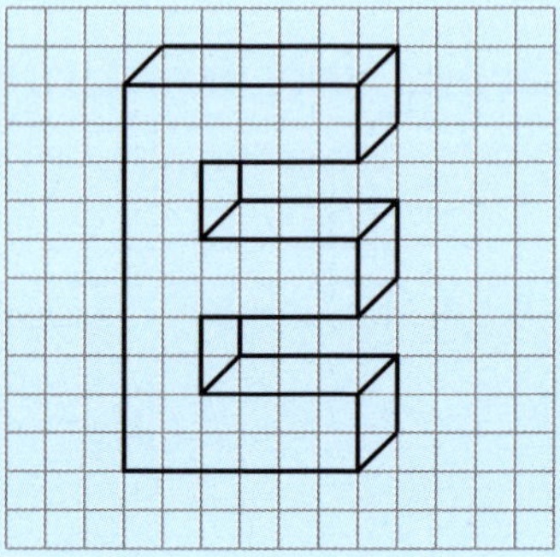

c)

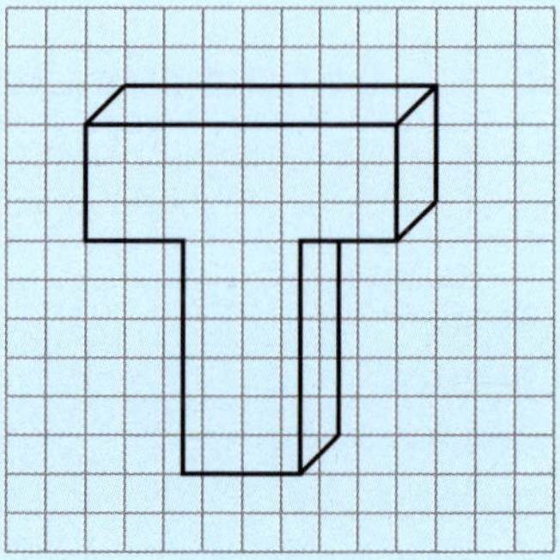

3

Die Grafiken sind verkleinert.

a)

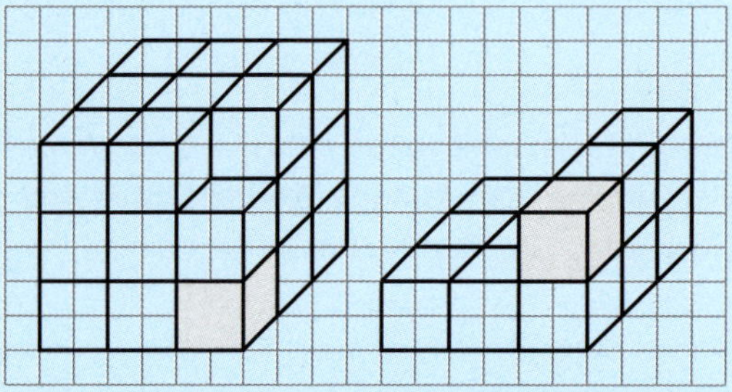

b)

6.3 Quader und ihre Netze

1

a) Dreieckspyramide

b) Dreiecksprisma

c) Kegel

2

a), b), c)

3

Die Grafiken sind verkleinert.

a)

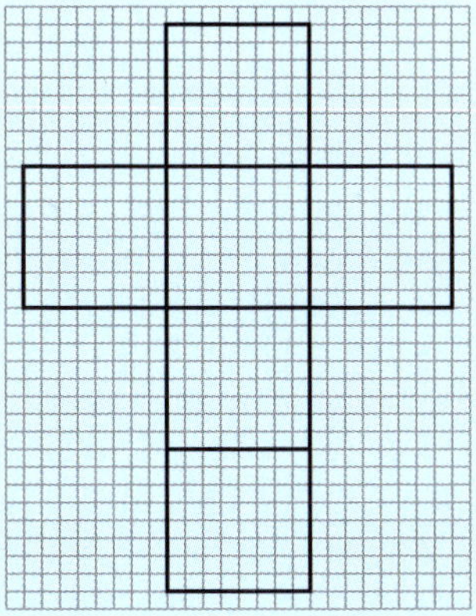

b)

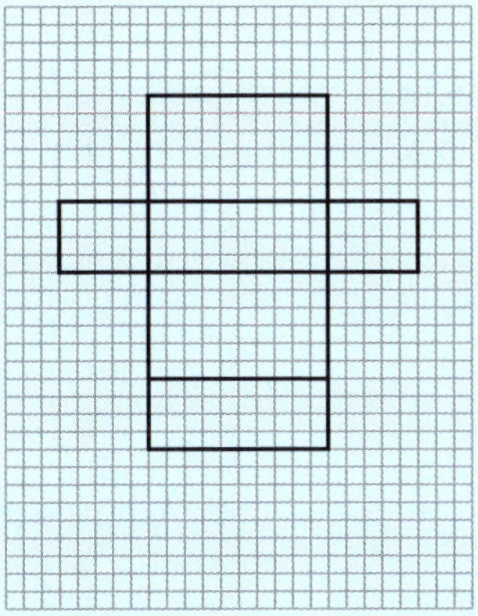

c)

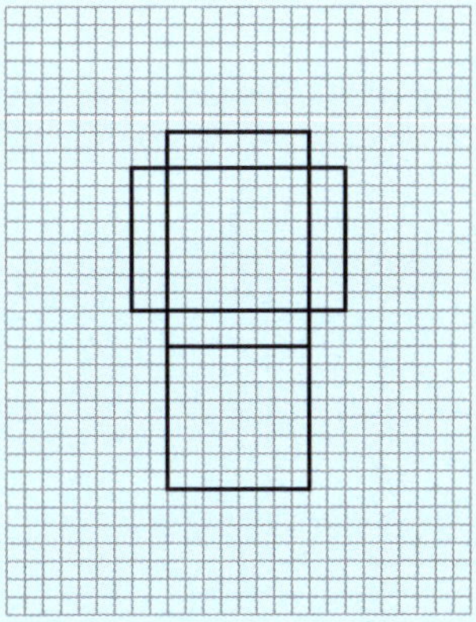

4

Die Grafik ist nicht maßstabsgetreu.

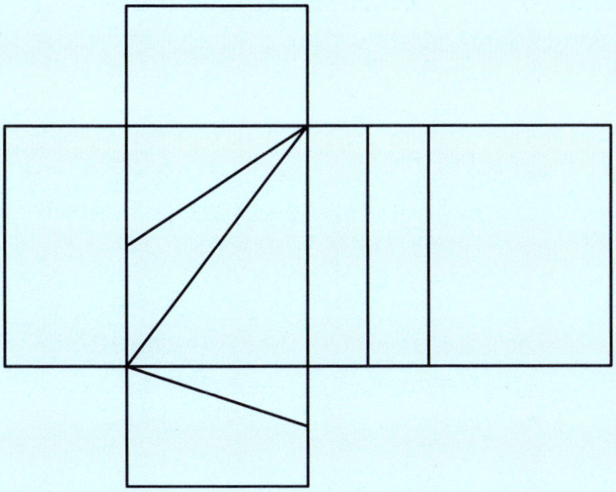

6.4 Volumen (Rauminhalt) von Quadern

1

Weil nicht sicher zu bestimmen ist, wie viele Würfel unsichtbar (verdeckt) sind, kann man nur Angaben über die sichtbaren Würfel machen und über die, die als Stütze mindestens nötig sind.

a) Sichtbar sind 22 Würfel, als Unterstützung sind weitere 18 Würfel nötig, also 40 Würfel zu je $1\,cm^3 = 40\,cm^3$.

b) Sichtbar sind 10 (+ 1) = 11 Würfel = $11\,cm^3$.

2

Individuelle Lösungen

3

Individuelle Lösungen

6.5 Volumeneinheiten

1

Schulranzen: dm^3 (l); Gameboy: cm^3; Mäppchen: cm^3; Schwimmbecken: m^3;
Tablette: mm^3; Saftflasche: l; Lkw: m^3; Parfümfläschchen: ml

2

a) $3\,dm^3$	b) $63\,m^3$	c) $538\,cm^3$	d) 82 l	e) $4\,m^3$	f) $0{,}7\,cm^3$
g) $0{,}05\,dm^3$	h) $0{,}006\,m^3$	i) 0,12 l	j) $0{,}7431\,m^3$	k) $0{,}04201\,cm^3$	l) 1,4901 l

3

a) $5000\,mm^3$	b) $34\,000\,dm^3$	c) $201\,000\,cm^3$	d) $17\,000\,mm^3$
e) 91 000 ml	f) 8000 ml	g) $41\,000\,mm^3$	h) $2500\,dm^3$
i) $700\,cm^3$	j) $40\,mm^3$	k) $7\,cm^3$	l) 3050 ml

4

a) $20\,000\,dm^3$	b) $29\,dm^3$	c) 13 l	d) $3\,750\,000\,dm^3$
e) $4\,m^3$	f) $3750\,mm^3$	g) 52,61 l	h) 450 ml
i) $9990\,mm^3$	j) $0{,}42\,m^3$	k) $4{,}701\,m^3$	l) $0{,}923\,m^3$

6.6 Berechnungen an Quadern

1

a) $V = 12\,cm^3$; $O = 2 \cdot 6\,cm \cdot 2\,cm + 2 \cdot 2\,cm \cdot 1\,cm + 2 \cdot 6\,cm \cdot 1\,cm = 40\,cm^2$

b) $V = 12\,cm^3$; $O = 32\,cm^2$ c) $V = 27\,dm^3$; $O = 54\,dm^2$ d) $V = 20\,m^3$; $O = 58\,m^2$

2

a) $V = 480\,cm^3$; $O = 392\,cm^2$ b) $V = 4500\,cm^3$; $O = 1800\,cm^2$

c) $h = V : (a \cdot b) = 120\,m^3 : (5\,m \cdot 12\,m) = 2\,m$; $O = 188\,m^2$

d) $h = 84\,dm^3 : (7\,dm \cdot 2\,dm) = 6\,dm$; $O = 136\,dm^2$

3

a) $V = 2\,cm \cdot 1\,cm \cdot 2\,cm = 4\,cm^3$; $O = 2 \cdot 2\,cm \cdot 1\,cm + 2 \cdot 2\,cm \cdot 2\,cm + 2 \cdot 2\,cm \cdot 1\,cm = 16\,cm^2$

b) $V = 1\,cm \cdot 1\,cm \cdot 1\,cm = 1\,cm^3$; $O = 6\,cm^2$

6.7 Vermischte Aufgaben

1

a)

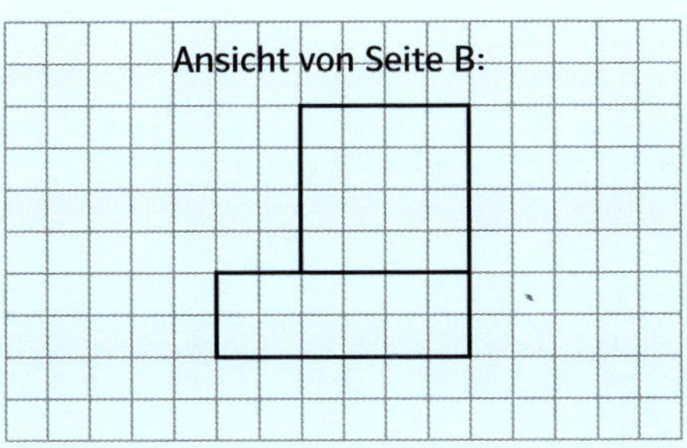

b)

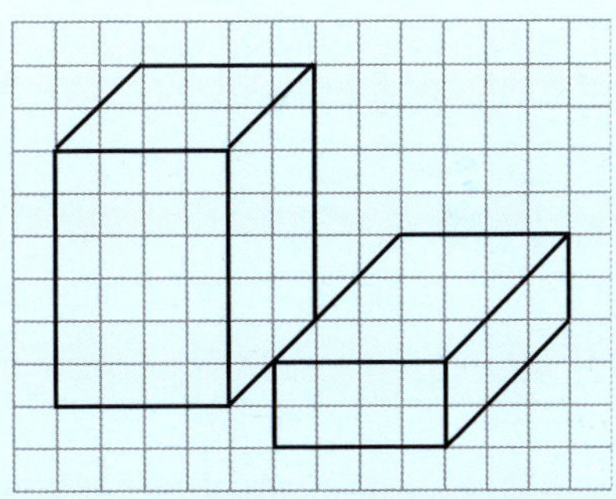

c) linke Schachtel: $V = 2\,cm \cdot 2\,cm \cdot 3\,cm = 12\,cm^3$; $O = 2 \cdot 2\,cm \cdot 2\,cm + 4 \cdot 2\,cm \cdot 3\,cm = 32\,cm^2$

rechte Schachtel: $V = 2\,cm \cdot 3\,cm \cdot 1\,cm = 6\,cm^3$;

$O = 2 \cdot 2\,cm \cdot 3\,cm + 2 \cdot 2\,cm \cdot 1\,cm + 2 \cdot 3\,cm \cdot 1\,cm = 22\,cm^2$

2

a) $V = 10\,500\,cm^3 = 10{,}5\,dm^3$; $O = 3190\,cm^2 = 31{,}9\,dm^2$

b) $V = 15\,000\,cm^3 = 15\,dm^3$; $O = 3950\,cm^2 = 39{,}5\,dm^2$

c) $V = 30\,000\,cm^3 = 30\,dm^3$; $O = 6200\,cm^2 = 62\,dm^2$

d) $V = 5999{,}5\,cm^3 = 5{,}9995\,dm^3$; $O = 2184\,cm^2 = 21{,}84\,dm^2$

3

a) $2 \cdot 35\,cm + 2 \cdot 25\,cm + 2 \cdot 12\,cm = 144\,cm = 1{,}44\,m$

b) $160\,cm = 1{,}6\,m$ c) $200\,cm = 2\,m$ d) $123\,cm = 1{,}23\,m$

4

a) Am besten berechnest du hier erst das Volumen des umschließenden Quaders und ziehst dann das „ausgeschnittene Stück“ ab.
$V = 6\,dm \cdot 3\,dm \cdot 4\,dm - 4\,dm \cdot 2\,dm \cdot 4\,dm = 72\,dm^3 - 32\,dm^3 = 40\,dm^3$

b) Den Körper zerlegst zu am besten in zwei Quader.
$V = 8\,cm \cdot 2\,cm \cdot 2\,cm + 6\,cm \cdot 2\,cm \cdot 2\,cm = 32\,cm^3 + 24\,cm^3 = 56\,cm^3$

5

a) $V = 15\,dm \cdot 6\,dm \cdot 8\,dm = 720\,dm^3 = 720\,l$
$720\,l : 5\,l = 144$
Tim könnte 144 Fische kaufen.

b) Tim kauft nur kleine Fische.

6

a) Fliesen: $2 \cdot 5\,m \cdot 3{,}20\,m + 2 \cdot 12\,m \cdot 3{,}20\,m + 5\,m \cdot 12\,m = 168{,}8\,m^2$
Kosten: $168{,}8 \cdot 10\,€ =$ **1688 €**

b) $V_{Wasser} = 5\,m \cdot 12\,m \cdot 3\,m = 180\,m^3 = 180\,000\,l$

7

$V_{Erde} = 8\,m \cdot 10\,m \cdot 2\,m = 160\,m^3$
$h = 160\,m^3 : 5\,a = 160\,m^3 : 500\,m^2 = 160\,000\,000\,cm^3 : 5\,000\,000\,cm^2 = 32\,cm$

8

$V_{Kasten} = 120\,cm \cdot 15\,cm : 10\,cm = 18\,000\,cm^3 = 18\,l$
4 Kästen benötigen also $4 \cdot 18\,l = 72\,l$ Blumenerde.
Frau Grün braucht $72\,l : 25\,l \approx 3$ Säcke Blumenerde.
3 Säcke kosten $1{,}99\,€ \cdot 3 = 5{,}97\,€$

Test

1

a) $5000\,cm^3$ b) $35\,cm^3$ c) $12\,000\,ml$ d) $8200\,l$ e) $70\,cm^3$

f) $0{,}053\,m^3$ g) $6020\,mm^3$ h) $5{,}02\,m^3$ i) $9010\,l$

2

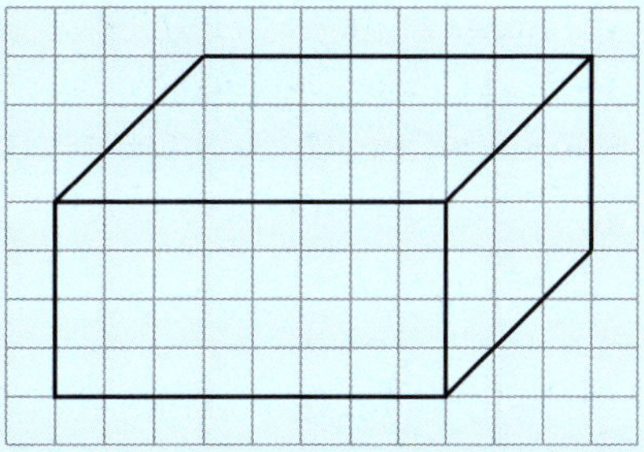

$V = 4\,cm \cdot 2\,cm \cdot 3\,cm = 24\,cm^3$

$O = 2 \cdot 4\,cm \cdot 2\,cm + 2 \cdot 4\,cm \cdot 3\,cm + 2 \cdot 2\,cm \cdot 3\,cm = 52\,cm^2$

3

a) $V = 770\,cm^3$; $O = 558\,cm^2$

b) $V = 2040\,dm^3 = 2{,}04\,m^3$; $O = 1226\,dm^2 = 12{,}26\,m^2$

4

a) Kegel b) Dreiecksprisma c) Viereckpyramide

5

$V = 80\,cm^3 - 36\,cm^3 = 44\,cm^3$

6

Der Goldbarren hat ein Volumen von $25\,cm \cdot 6\,cm \cdot 8\,cm = 1200\,cm^3$.

Er müsste $1200 \cdot 19\,g = 22\,800\,g = 22{,}8\,kg$ wiegen, wenn er komplett aus Gold wäre.

Und 22,8 kg kann Sue mit einer Hand nicht heben! Der Goldbarren kann also nicht aus reinem Gold sein.

7

Zerlege zunächst geschickt in Teilflächen und rechne dann: großes Rechteck – kleines Rechteck + Seitenstück

Fläche des Schulwegs: $A = 20\,m \cdot 11{,}40\,m - (20 - 2 \cdot 3{,}20)\,m \cdot (11{,}40 - 2 \cdot 3{,}20)\,m + 3{,}20\,m \cdot 4{,}80\,m$

$= 228\,m^2 - 13{,}60\,m \cdot 5\,m + 15{,}36\,m^2 = 175{,}36\,m^2$

benötigter Schotter: $V = 175{,}36\,m^2 \cdot 0{,}03\,m = 5{,}2608\,m^3$

Kosten: $5{,}26 \cdot 17\,€ = 89{,}42\,€$

KomplettTrainer

Der Allrounder mit dem kompletten Lernstoff!

Mit dem 3-Stufen-Lernprogramm Wissen – Üben – Testen
- alle wichtigen Regeln und Merksätze wiederholen
- mit Übungen verschiedener Schwierigkeitsstufen und ausführlichen Lösungen besser werden
- den Lernerfolg mit Tests und Checklisten überprüfen

KomplettTrainer
Deutsch 6. Schuljahr
Gymnasium
ISBN 978-3-12-927158-2

KomplettTrainer
Mathematik 6. Schuljahr
Gymnasium
ISBN 978-3-12-927163-6

KomplettTrainer
Englisch 6. Schuljahr
Gymnasium
ISBN 978-3-12-927161-2

Diese und weitere Klett-Lernhilfen sind im Buchhandel erhältlich.
Weitere Informationen unter **www.klett.de/lernhilfen**

Bessere Noten in Klassenarbeiten

Topfit in die nächste Klassenarbeit!

- 12 Klassenarbeiten zu den wichtigsten Stoffgebieten des 5. Schuljahres zeigen, was drankommen kann
- Die Zeitvorgabe von 45 Minuten und die vorgegebenen Punkte für jede Aufgabe schaffen eine „echte“ Klassenarbeitssituation
- Lösungen mit Tipps und Hinweisen zur Punktevergabe erleichtern das selbstständige Korrigieren
- Die zusammengezählten Punkte und die entsprechende Note verraten dir am Ende, wie gut du bist!

Bessere Noten in Klassenarbeiten
Deutsch 5. Schuljahr
Gymnasium
ISBN 978-3-12-927115-5

Bessere Noten in Klassenarbeiten
Mathematik 5. Schuljahr
Gymnasium
ISBN 978-3-12-927109-4

Bessere Noten in Klassenarbeiten
Englisch 5. Schuljahr
Gymnasium
ISBN 978-3-12-927113-1

Klett Lerntraining GmbH, Postfach 10 26 45, 70022 Stuttgart
Telefon 0180 · 255 38 82, Telefax 0180 · 255 38 83